Entwicklung und Evaluierung langzeitstabiler orange-roter organischer Leuchtdioden

Von der Fakultät für Elektrotechnik, Informationstechnik, Physik
der Technischen Universität Carolo-Wilhelmina zu Braunschweig

zur Erlangung der Würde eines
Doktor-Ingenieurs (Dr.-Ing.)
eingereichte

Dissertation

von

Dipl.-Chem. Daniel Schneidenbach
aus Northeim

Eingereicht am:	07. Juni 2010
Mündliche Prüfung am:	02. Februar 2011
Referenten:	Prof. Dr.-Ing. Wolfgang Kowalsky Prof. Dr. rer. nat. Achim Enders

2011

Bibliografische Information der Deutschen Nationalbibliothek
Die Deutsche Nationalbibliothek verzeichnet diese Publikation in der Deutschen Nationalbibliographie; detaillierte bibliographische Daten sind im Internet über http://dnb.d-nb.de abrufbar.
1. Aufl. - Göttingen: Cuvillier, 2011
Zugl.: (TU) Braunschweig, Univ., Diss., 2011

978-3-86955-716-8

Nonnenstieg 8, 37075 Göttingen
Telefon: 0551-54724-0
Telefax: 0551-54724-21
www.cuvillier.de

1. Auflage 2011
Gedruckt auf säurefreiem Papier.

978-3-86955-716-8

Vorwort

Die vorliegende Arbeit ist das Ergebnis meiner Tätigkeit als wissenschaftlicher Mitarbeiter am Institut für Hochfrequenztechnik (IHF) der Technischen Universität Braunschweig. Die Faszination für organische Elektronik, die stark interdisziplinäre Zusammenarbeit und die hervorragenden Arbeitsbedingungen haben maßgeblich zum Erfolg dieser Arbeit beigetragen.

Ich danke meinem Doktorvater Prof. Dr.-Ing. Wolfgang Kowalsky und meinem Arbeitsgruppenleiter Dr. Hans-Hermann Johannes für das in mich gesetzte Vertrauen. Ich bedanke mich für die herausfordernden Aufgabenstellungen und die praxisnahe und anwendungsorientierte Projektarbeit mit innovativen Industriepartnern. Des Weiteren möchte ich mich bei der Prüfungskommission Prof. Dr. Achim Enders für das Koreferat und Prof. Dr. Andreas Hangleiter für die Übernahme des Vorsitzes bedanken.

Für die finanzielle Unterstützung danke ich dem Bundesministerium für Bildung und Forschung (BMBF) und dem Deutschen Zentrum für Luft- und Raumfahrt e.V. (DLR) als Projektträger im Rahmen des Teilvorhabens „OPTIMAT“ (FKZ 01BD0687) im Konsortium „CARO“. Im Rahmen des Projektes „CARO“ bedanke ich mich für die freundschaftliche interne Zusammenarbeit bei Dr. Sven Ammermann, Dr. Marc Debeaux, Andreas Freund, und Dr. Steffen Mozer. Mein Dank gilt weiterhin den direkten externen Partnern Dr. Silvia Janietz, Dr. Hartmut Krüger, Dr. Armin Wedel und Manuel Thesen vom Fraunhofer Institut für Angewandte Polymerforschung (IAP, Potsdam) und Dr. Jürgen Wahl und Dr. Siegfried Barth (Optrex Europe GmbH).

Für offene und kreative Diskussionen und Aktivitäten danke ich Dr. Hassan Gargouri, Dr. Mike Zöllner, Stephan Fabig, Justyna Rodziewicz, Dr. Matthias Hoping, Dr. Jens Meyer und Dr. Sami Hamwi. Markus Tilgner danke ich zusätzlich noch für die sportlichen Herausforderungen außerhalb der Arbeitszeit. Des Weiteren bin ich auch allen weiteren aktuellen und ehemaligen Mitarbeitern des IHF zu tiefstem Dank verpflichtet. Es war eine sehr schöne Zeit mit euch allen.

Für die wissenschaftliche Unterstützung meiner Arbeit danke ich:

- Dr. T. Beuerle (IPB - TU Braunschweig, Massenspektrometrie)
- J. Frähmcke, Prof. Dr. M. Elstner (TCB - Karlsruhe (KIT) , DFT)

- Prof. Dr. Peter Jones und Dr. Constantin Daniliuc (Institut für Anorganische und Analytische Chemie, TU Braunschweig, Röntgenstrukturanalyse)
- Dr.-Ing. M. Frauenhofer (IFS – TU Braunschweig, DSC)

Ich danke allen Freunden die mich in den vielen Jahren des Studiums und der Promotion begleitet haben für die außerordentlich schöne Zeit in Braunschweig. Ich hoffe, dass der Kontakt in Zukunft so aktiv bleibt.
Mein besonderer Dank gilt nicht zuletzt meiner Familie und meiner Freundin Annika, die mich in jeglicher Hinsicht unterstützt haben und mir ermöglicht haben meinen Weg mit allen Freiheiten zu gehen.

Grazie e arrivederci Braunschweig!

Daniel Schneidenbach

Kurzfassung

Organische Leuchtdioden (OLEDs) stellen ein herausragendes und stark wachsendes Technologiesegment dar, dessen Produkte bereits in den Markt eingeführt worden sind oder kurz vor dem Erreichen der Marktreife stehen. Derzeit ist es für OLED-Produkte noch in vielen Fällen schwierig, mit den etablierten Technologien im Bereich der Anzeige- und Beleuchtungselemente in direkte Konkurrenz zu treten. Alleinstellungsmerkmale der OLED-Technologie sollen es zukünftig ermöglichen, neue Anwendungsfelder zu erschließen. Neben der sehr jungen Geschichte von kommerziell erhältlichen Produkten reicht die intensive Grundlagenforschung an OLEDs bereits mehr als zwanzig Jahre zurück.
Trotz der langjährigen Forschungsaktivitäten gibt es noch immer wichtige Fragestellungen, auf die bisher noch keine zufriedenstellenden Antworten gefunden werden konnten. Dieses gilt insbesondere für das Verständnis der intrinsischen Degradation innerhalb der organischen Schichten, welche in vielen Fällen zu einem schnell voranschreitenden Luminanzverlust führt. Bisherige Untersuchungen haben gezeigt, dass die intrinsische Degradation stark materialspezifisch ist. Ein systematisches Verständnis der Degradationsursachen ist die Voraussetzung für ein gezieltes Design neuer langzeitstabiler Materialien.
Im Fokus der vorliegenden Arbeit steht daher die gezielte Betrachtung der Luminanzdegradation bei der Untersuchung und Charakterisierung neuer Materialien. Neue orangerot emittierende Triplett-Emitter aus der Klasse der Chinoxalin-Iridiumkomplexe werden eingeführt, charakterisiert und in Bauelementen untersucht. Es werden gezielte Degradationsuntersuchungen an den eingesetzten Triplett-Emittern diskutiert, die es ermöglichen sollen, die hervorstechenden Unterschiede in den Langzeitstabilitäten der zugehörigen OLEDs zu bewerten. Weiterhin werden systematische Optimierungskonzepte des OLED-Aufbaus zur Evaluierung des tatsächlichen Lebensdauerpotentials präsentiert und diskutiert. Unter Verwendung des neuen Triplett-Emitters IHF-TE-15 werden Bauelemente präsentiert, die anwendungsrelevante Luminanzlebensdauern erreichen und zu den langzeitstabilsten, in der Literatur beschriebenen, phosphoreszenten OLEDs gehören.
Die Realisierung eines intrinsisch sehr stabilen OLED-Aufbaus eröffnet die Möglichkeit, gezielt die intrinsische Stabilität einzelner Materialien zu untersuchen. Es werden unterschiedliche Matrixkonzepte, Ladungstransportmaterialien und insbesondere Triplett-Emitter miteinander verglichen. Darüber hinaus wird auch der Einfluss einer neuen Methode der ALD-Dünnschichtverkapselung auf die Luminanzlebensdauer beschrieben. Die Untersuchung der Luminanzlebensdauer wird als weiteres Verfahren zur Untersuchung der Verkapselungsgüte unterschiedlicher Verkapselungsprozesse eingeführt. Neben der Betrachtung der Verkapselungsgüte wird auch der generelle Einfluss des Verkapselungsprozesses auf die OLED beschrieben.

Abstract

Organic light emitting diodes (OLEDs) provide an outstanding, fast growing field of technology. OLEDs have already been commercially introduced in OLED-displays and OLED-lighting products or are close to their market launches. Successful market launches of OLED products are still strongly related to their economic potential. Unique features of the OLED technology may help to develop new applications.
In relation to the very young history of commercial success, intensive fundamental research activities in the field of OLEDs started more than twenty years ago. Despite of long-time research activities, the intrinsic degradation is still a challenging problem. Intrinsic degradation causes continuous luminance loss during OLED operation. It was generally found that the intrinsic degradation is specific to the materials, which are used in the organic layers. A systematic understanding of intrinsic luminance loss is the key factor for new design concepts and the adaptations of organic materials.
In this study we introduce and characterize a new class of orange-red phosphorescent quinoxaline-iridium complexes. We provide systematic concepts to evaluate the real potential of these new triplet emitters in terms of their long-time stability. By using IHF-TE-15 as triplet emitting material, we present orange-red OLEDs with very low luminance loss during OLED operation at high brightness. These devices belong to the most stable phosphorescent OLEDs presented in literature.
Based on these long-time stable device setups, we additionally characterize new matrix concepts, charge transporting materials and in particular different triplet emitters.
Long-time stable OLEDs are used to evaluate the effectiveness of a new developed ALD thin-film encapsulation technique. We have a special look on the quality of the encapsulation layers and the influence of the encapsulation process regarding luminance degradation.

Inhaltsverzeichnis

1 Einleitung

Organische Leuchtdioden (engl.: organic light emitting diode - OLED) repräsentieren ein stark wachsendes Technologiesegment im Bereich der Display- und Beleuchtungsanwendungen. Insbesondere bei mobilen Anwendungen wurde der lange Zeit prognostizierte kommerzielle Einsatz der OLED-Technologie erreicht. So setzt Samsung bereits in Serie Aktiv-Matrix OLED-Displays (AMOLED-Displays) bis zu einer Größe von 3,7 " und einer Auflösung von 480 x 800 Bildpunkten in Mobiltelefonen aller Preiskategorien ein. Hervorstechende Vorteile gegenüber etablierten Flüssigkristall-Displays (engl.: liquid crystal displays - LCD) bieten OLED-Displays durch ihre geringe Bautiefe, ihr sehr hohes Kontrastverhältnis, ihre geringe Blickwinkelabhängigkeit und ihre gute Farbwiedergabe. Hinzu kommt ein geringer Energieverbrauch, so dass eine deutliche Steigerung der bisherigen Anzeigequalitäten und der Betriebszeiten ermöglicht wird. Erst kürzlich hat Samsung auf der Consumer Electronics Show 2010 (CES) ein transparentes 14 " OLED-Display vorgestellt und damit großes Interesse in der Fachpresse geweckt. Bereits im selben Jahr sollen elektronische Geräte mit transparenten OLED-Anzeigen kommerziell erhältlich sein. Hierbei stellt die mögliche Transparenz und Flexibilität der Bauelemente ein technologisches Alleinstellungsmerkmal der OLED dar.

Aus dem Segment der OLED-Beleuchtung konnten ebenfalls von den Firmen Osram Semiconductors (Produktname: Orbeos ©) und Philips Lighting (Produktname: Lumiblade ©) bereits 2009 erste kommerziell erhältliche Produkte präsentiert werden. Diese Beleuchtungselemente sind aber im Verhältnis zu alternativen Leuchtmitteln noch sehr teuer und derzeit nicht in großen Stückzahlen erhältlich.

1.1 Organische Leuchtdioden

Das Phänomen der Elektrolumineszenz wurde zum ersten Mal 1953 von Bernanose *et al.* an kristallinen Filmen organischer Farbstoffe beobachtet [1]. Die erste anwendungsrelevante Beschreibung einer OLED geht auf eine Veröffentlichung von Tang und Van Slyke (Kodak) aus dem Jahr 1987 zurück [2]. Tang und Van Slyke beschrieben die Elektrolumineszenz an einer im Ultrahochvakuum (UHV) abgeschiedenen Dünnschichtenfolge zweier organischer Materialien. Eines dieser Materialien zeigte vorwiegend lochleitende, das andere vorwiegend elektronenleitende Eigenschaften. Mit dieser mehrschichtigen Bauelementstruktur gelang es,

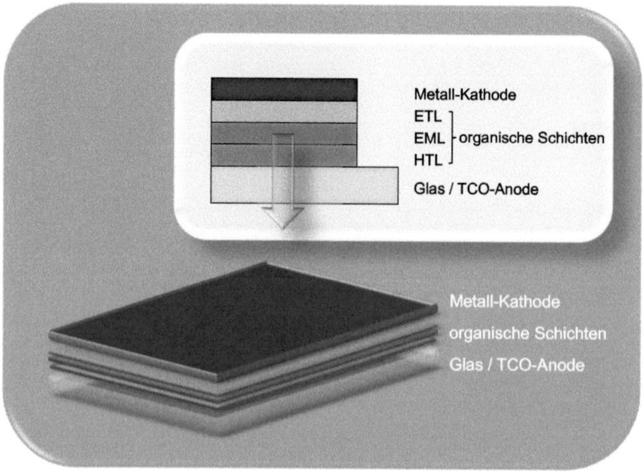

Abbildung 1.1: Einfacher schematischer Aufbau einer OLED.

die Ladungsträgerrekombination von Löchern und Elektronen an der Grenzfläche zwischen beiden organischen Schichten zu realisieren. Unter Verwendung von organischen Dünnfilmen im Nanometermaßstab wurden hohe Helligkeiten bereits bei sehr geringen Betriebsspannungen (unter 10 V) erreicht. Infolge dieser ersten wissenschaftlichen Beschreibungen einer OLED wurde fortführend sehr intensiv an deren Weiterentwicklung gearbeitet. Diese erste Veröffentlichung von Tang und Van Slyke aus dem Jahr 1987 kann somit als Geburtsstunde der OLED-Forschung betrachtet werden.

Eine einfache schematische Darstellung einer OLED ist in Abbildung 1.1 gegeben. Die organischen Schichten werden dabei zwischen zwei elektrische Kontakte (Anode und Kathode) eingebracht, von denen einer transparent ausgeführt sein muss, um eine Auskopplung des emittierten Lichts zu ermöglichen. Zur mechanischen Stabilität werden OLEDs meist auf einem mit der transparenten Anode vorbeschichteten Glassubstrat abgeschieden. Als Anodenmaterial werden häufig leitfähige, transparente Oxide (engl.: transparent conductive oxide - TCO) eingesetzt, über die die Löcher in die angrenzende Lochtransportschicht (engl.: hole transporting layer - HTL) injiziert werden. Aus der Kathode, meist ein Metall mit geringer Austrittsarbeit (z.B. Aluminium), werden Elektronen in die Elektronentransportschicht (engl.: electron transporting layer - ETL) injiziert. Die injizierten Ladungsträger werden entsprechend dem vorherrschenden elektrischen Feld transportiert und rekombinieren idealerweise auf einem Emittermolekül in der Emissionsschicht (engl.: emission layer - EML). Im Fall der ersten OLED von Tang und Van Slyke stellte das elektronentransportierende Material auch gleichzeitig den Emitter dar, so dass ETL und EML zu einer Schicht zusammenfielen (siehe Abbildung 1.1).

Neben der Realisierung von organischen Bauelementen basierend auf kleinen Molekülen (engl.: small molecule - SM), konnten 1990 erste OLEDs über eine nasschemische Prozessierung von organischen Polymeren realisiert werden [3]. Die nasschemische Prozessierung bietet gegenüber der Prozessierung im Vakuum den Vorteil der deutlich geringeren Fertigungskosten. Trotz des wirtschaftlichen Vorteils von polymeren OLEDs (PLEDs) beruht bisher ein Großteil der Arbeiten auf der Nutzung von kleinen Molekülen in SMOLEDs. Dieses ist vor allem auf die Variabilität der Vakuumprozessierung bei der Herstellung von sehr komplexen Schichtfolgen zurückzuführen. Bei der Nutzung flüssigkeitsbasierter Prozesse müssen Schichtfolgen nahezu immer durch die Nutzung von orthogonalen Lösemitteln oder von weiteren zusätzlichen Technologien aufgebracht werden, da ansonsten die bereits abgeschiedenen Schichtstapel angelöst werden würden. Weiterhin liegen die bisher erreichten Effizienzen und Lebensdauern von PLEDs deutlich unterhalb der von SMOLEDs. Alle hier in dieser Arbeit genutzten kommerziellen und neuen Materialien oder Materialkonzepte sind speziell für die Prozessierung als kleine Moleküle im UHV entwickelt worden.

1.2 Kurze Einführung in die Materialentwicklung

In diesem Abschnitt soll kurz die historische Entwicklung insbesondere von häufig eingesetzten Emittermaterialien und Emitterkonzepten beschrieben werden, da ein Großteil dieser Arbeit auf der Weiterentwicklung und Charakterisierung dieser Substanzklassen beruht.
In der von Tang und Van Slyke verwendeten zweischichtigen OLED-Struktur wurde TAPC (1,1-Bis-(4-bis(4-methyl-phenyl)-amino-phenyl)cyclohexan), ein Vertreter aus der Materialklasse der Arylamine, als Lochtransportmaterial eingesetzt. Alq_3 (Tris(8-hydroxychinolin)aluminium-(III)), ein grün emittierender Aluminiumkomplex (siehe Abbildung 1.2 (a)), wurde als Singulett-Emitter und gleichzeitig als Elektronentransportmaterial verwendet. In den darauf folgenden Jahren wurden viele bereits zuvor bekannte Farbstoffe wie z. B. DCM (rot; 4-(Dicyanomethylen)-2-methyl-6-(p-dimethylaminostyryl)-4*H*-pyran) [4], Coumarin C-540 (grün; 3-(2-Benzothiazolyl)-7-(diethylamino)-2*H*-1-benzopyran-2-on) [4] und DPVBi (blau; 4,4'-Bis(2,2'-diphenylvinyl)-1,1'-biphenyl) [5] untersucht, um mit der resultierenden Elektrolumineszenz einen möglichst großen Bereich des RGB-Farbraums abzudecken. Dazu wurden die verwendeten Farbstoffe in geringen Konzentrationen in geeignete Matrixmaterialien eindotiert. Solche Dotierungen der Emittermaterialien in die zugehörige Matrix werden allge-

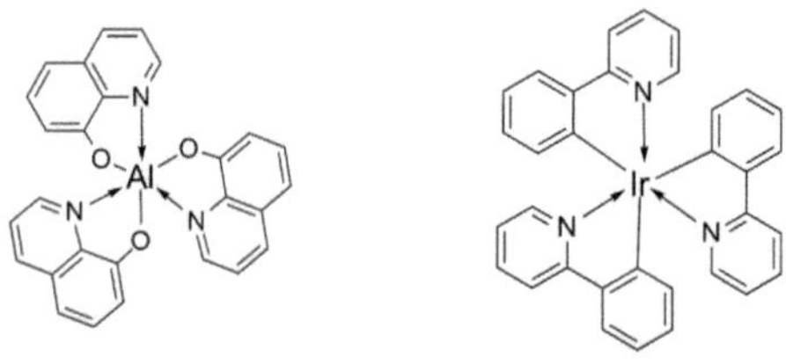

(a) Alq_3 (b) *fac*-$Ir(ppy)_3$

Abbildung 1.2: Molekülstrukturen des (a) Singulett-Emitters Alq_3 und (b) des Triplett-Emitters *fac*-$Ir(ppy)_3$.

mein als Gast-Wirt-Systeme bezeichnet. Aktuell werden solche Gast-Wirt-Systeme für die Emissionsschichten und die elektrisch dotierten Ladungsträgerinjektionsschichten eingesetzt.

Anfangs standen nur Singulett-Emittersysteme mit einer maximalen internen Quantenausbeute von 25 % zur Verfügung. Diese maximale interne Quantenausbeute wird dabei von der statistischen Wahrscheinlichkeit der Bildung eines Singulett-Exzitons bestimmt. Die zu 75 % gebildeten Triplett-Exzitonen tragen aufgrund spinverbotener Übergänge nicht zur Emission bei. Es gab aus diesem Grund große Bestrebungen neuartige Emittermaterialien zu entwickeln, die im Idealfall eine interne Quantenausbeute von 100 % ermöglichen sollten.

Bei der Entwicklung von Triplett-Emittersystemen wurden die entscheidenden Fortschritte von den Gruppen um Forrest und Thompson um das Jahr 2000 erreicht [6–8]. Es konnte gezeigt werden, dass Schweratomkomplexe, basierend auf einem Platin- oder Iridiumzentrum, erfolgreich als phosphoreszente Emitter in OLED-Strukturen eingesetzt werden können. Aufgrund der starken Spin-Bahn-Wechselwirkung, hervorgerufen durch das Schweratom, werden grundlegend spinverbotene optische Übergänge des Gesamtkomplexes ermöglicht. Infolgedessen können alle auf dem Molekül generierten Exzitonen für strahlende Prozesse genutzt werden. Der Ursprung der Phosphoreszenz in solchen Iridiumkomplexen war bereits vorher bekannt und intensiv untersucht worden [9, 10]. In den folgenden Jahren wurde eine Vielzahl neutraler $5d^6$ Komplexe mit Iridium als Zentralatom und (C^N) zyklometallierten Liganden für den gesamten RGB-Farbraum entwickelt [11–13]. Als häufig untersuchter Vertreter soll hier der grün phosphoreszierende Komplex $Ir(ppy)_3$ (Tris(2-phenylpyridin)iridium(III)) als Beispiel angeführt werden (siehe Abbildung 1.2 (b)).

Für $Ir(ppy)_3$ und auch für weitere Komplexe konnte eine maximale interne Quantenausbeute von nahezu 100 % im dotierten Festkörper nachgewiesen werden [14, 15]. Durch Einsatz dieser neuartigen Materialien konnten auch in OLED-Bauelementen sehr hohe Effizienzen von beispielsweise 133 lm/W bei einer Leuchtdichte von 100 cd/m^2 gezeigt werden [16]. Nach der Entwicklung hocheffizienter Materialsysteme gelang es in einem folgenden Schritt die optischen Verlustmechanismen in der OLED zu analysieren und Technologien zu entwickeln, um das wahre Potential der Triplett-Emittersysteme ausschöpfen zu können. Für eine substratseitige Lichtauskopplung in vielen konventionellen OLED-Strukturen wurde eine ungefähre maximale externe Quanteneffizienz (EQE) von 20 % abgeschätzt. Dieses bedeutet, dass etwa 80 % des erzeugten Lichts nicht aus der OLED ausgekoppelt werden und in vielfältigen Verlustmechanismen verloren gehen. Durch gezielte Auskopplungsschichten und optische Schichtdickenanpassungen der OLED-Strukturen gelang es, die EQE deutlich zu steigern [17].

Infolge all dieser Entwicklungen standen OLEDs für vielfältige Wellenlängenbereiche (rot, grün, blau) zur Verfügung, die für eine industrielle Applikation alle Anforderungen an die geforderten Effizienzen erfüllten. Der aktuell neben den Produktionskosten am stärksten limitierende Faktor für den kommerziellen Erfolg der OLED-Produkte ist die geringe Langzeitstabilität vieler organischer Bauelemente. Insbesondere gilt dieses für phosphoreszente OLED-Strukturen, die im Vergleich zu den rein auf Singulett-Emittern basierenden OLEDs geringere Langzeitstabilitäten aufweisen. Für die Verwirklichung hocheffizienter OLEDs sind phosphoreszente Emittermaterialien jedoch zwingend erforderlich.

1.3 Zielsetzung und Gliederung

Diese Arbeit beschäftigt sich intensiv mit der Fragestellung zur Luminanzdegradation und den dafür verantwortlichen Ursachen in den untersuchten phosphoreszenten OLEDs. Es werden aktuelle Erklärungsansätze aus der Literatur vorgestellt und daraus direkt Optimierungskonzepte der Bauelementarchitektur zur Steigerung der Langzeitstabilität abgeleitet. Diese Konzepte werden anhand neuartiger Materialklassen überprüft und diskutiert. Es werden ebenfalls neue Aspekte zur Degradation von OLEDs vorgestellt, die in der Literatur so noch nicht beschrieben wurden. Die hier gewonnenen Erkenntnisse sollen dabei neue Ansatzpunkte für spätere spezifische Material- und OLED-Entwicklungen liefern. Alle hier vorgestellten Arbeiten sind innerhalb des BMBF geförderten Forschungsprojektes „CARO“ (FKZ 01 BD 0687) entstanden.

Die vorliegende Arbeit ist wie folgt gegliedert:

Zu Beginn werden in Kapitel 2 die physikalischen Grundlagen zu organischen Halbleitern und organischen Leuchtdioden beschrieben. Im dritten Kapitel werden die verwendeten

Prozessierungs- und Vermessungstechnologien sowie alle verwendeten Methoden zur Charakterisierung der kommerziellen und der neuartigen Materialien detailliert vorgestellt.

Mit dem vierten Kapitel beginnt der experimentelle Teil dieser Arbeit. Neuartige Materialkonzepte werden eingeführt. Anhand dieser Materialien werden photophysikalische, elektrochemische, quantenmechanische und morphologische Untersuchungen der einzelnen Substanzen beschrieben und im direkten Vergleich oder in Bezug zur Literatur diskutiert.

In Kapitel 5 werden Untersuchungsergebnisse der zuvor eingeführten orange-rot emittierenden Triplett-Emitter in einfachen OLED-Aufbauten vorgestellt. Es wird weiterhin eine Schritt für Schritt Entwicklung einer langzeit- und temperaturstabilen *pin*-OLED-Architektur beschrieben, in der die neuen Emittermaterialien auf ihre Langzeitstabilität untersucht werden. Der dabei erhaltene Unterschied in den Langzeitstabilitäten innerhalb der untersuchten Klasse von Triplett-Emittern wird hervorgehoben und anhand spezifischer Degradationsuntersuchungen diskutiert.

In Kapitel 6 wird die Optimierung der Langzeitstabilität anhand angepasster Matrixkonzepte mit ausschließlicher Verwendung des Triplett-Emitters IHF-TE-15 beschrieben. Ebenfalls wird der langzeitstabilste OLED-Aufbau genutzt, um neuartige Elektronentransportmaterialien auf deren intrinsische Stabilität zu untersuchen. Es werden weiterhin Ergebnisse zu Untersuchungen der Luminanzlebensdauern bei gesteigerter Betriebstemperatur und erhöhter Startleuchtdichte präsentiert. Als Folge aller Optimierungsschritte werden in Kapitel 6 orange-rote OLEDs präsentiert, die industrielle Anforderungen an Luminanzlebensdauern erfüllen oder sogar übertreffen. Diese Ergebnisse wurden dabei unter Verwendung des am Institut für Hochfrequenztechnik (IHF) entwickelten Triplett-Emitters IHF-TE-15 erzielt.

Kapitel 7 beinhaltet Anwendungen der optimierten OLED-Architektur. Zu Beginn steht die Evaluierung von weiteren Triplett-Emittern im optimierten OLED-Aufbau im Vordergrund. Des Weiteren wird eine langzeitstabile OLED in Kombination mit einer ALD-Dünnschichtverkapselung (engl.: atomic layer deposition) vorgestellt. In diesem speziellen Fall wurde der langzeitstabile OLED-Aufbau eingesetzt, um die Verkapselungsgüte (extrinsische Degradation) im realen Betrieb zu untersuchen. Ebenfalls galt es, den Einfluss des ALD-Verkapselungsprozesses auf die Langzeitstabilität der OLED zu betrachten.

Im Anhang der Arbeit wird eine Zusammenstellung aller in dieser Arbeit untersuchten OLED-Bauelemente und aller eingesetzten Materialien gegeben. Für die eingesetzten organischen Materialien sind dabei alle relevanten physikalischen Eigenschaften aufgeführt. Diese Zusammenstellung soll als eine Materialdatenbank genutzt werden, in der materialspezifische Eigenschaften gut überblickt werden können.

2 Physikalische Grundlagen

Organische Halbleiter unterscheiden sich in ihren elektronischen und auch ihren photophysikalischen Eigenschaften stark von den anorganischen Halbleitern. In diesem Kapitel sollen die wichtigsten relevanten physikalischen Eigenschaften organischer Halbleiter und im speziellen organischer Leuchtdioden kurz beschrieben werden. Es wird weiterhin eine Übersicht über die aktuell in der Literatur diskutierten Ursachen der Luminanzdegradation gegeben.

2.1 Energiezustände im organischen Halbleiter

2.1.1 Isoliertes Molekül

Die Klasse der organischen Verbindungen beinhaltet nahezu ausschließlich Substanzen, die aus Kohlenwasserstoffen und weiteren Molekülen mit wenigen zusätzlichen Heteroatomen bestehen. Vertreter aus dieser Substanzklasse waren jedoch lange nur als sehr gut isolierende Materialien bekannt. Heeger, MacDiarmid und Shirakawa beschrieben 1977 die guten elektrischen Leitfähigkeiten von mit Iod dotierten Polyacetylenen [18]. Die durch die Dotierung mit Iod erreichten Leitfähigkeiten des Polyacetylens betrugen bis zu 0,5 S/cm. Für diese grundlegenden Arbeiten zu organischen Halbleitern wurden sie im Jahr 2000 mit dem Nobelpreis für Chemie ausgezeichnet.

Der grundlegende Unterschied zwischen anorganischen und organischen Halbleitern liegt in der Ausbildung von definierten Bandstrukturen für einkristalline, epitaktisch gewachsene anorganische Schichten. Durch die starken Wechselwirkungen der einzelnen Atome im anorganischen Halbleiter können sich die Ladungsträger über einen großen Bereich delokalisieren. Im Gegensatz dazu sind die Ladungsträger und somit auch die angeregten exzitonischen Zustände in organischen Halbleitern aufgrund der nur sehr schwachen intermolekularen Van-der-Waals-Wechselwirkungen stark auf das einzelne Molekül lokalisiert. Diese nur schwachen Van-der-Waals-Wechselwirkungen führen zu sehr kleinen Überlappungsintegralen der Wellenfunktionen zweier benachbarter Moleküle, welches maßgeblich den Unterschied des organischen zum anorganischen Halbleiter ausmacht. Um die elektronischen und photophysikalischen Eigenschaften einer OLED besser verstehen zu können, werden zunächst gezielt die elektronischen Eigenschaften des isolierten Moleküls betrachtet.

Wie aus der Quantenmechanik bekannt, sind die Wellenfunktionen Ψ^n und die dazugehörigen Energieeigenwerte E^n die Lösung der nichtrelativistischen Schrödingergleichung. In den folgenden Gleichungen werden die verschiedenen Ausdrücke der zeitunabhängigen, nichtrelativistischen Schrödingergleichung für den dreidimensionalen Fall gegeben. $\hat{H}$ steht dabei für den Hamilton-Operator, dessen mathematische Operation in Gleichung 2.2 beschrieben ist. Die Quantenzahl n repräsentiert die Quantenzahlen der möglichen Lösungen für die Wellenfunktionen und die dazugehörigen Eigenwerte. Mit dem Hamilton-Operator lässt sich die Schrödingergleichung in ihrer allgemeinen Form schreiben:

$$\hat{H}\ \Psi^n = E^n\ \Psi^n \tag{2.1}$$

$$\left(\left(-\frac{\hbar^2}{2m}\right)\left(\frac{\partial^2}{\partial x^2}+\frac{\partial^2}{\partial y^2}+\frac{\partial^2}{\partial z^2}\right)+V\right)\ \Psi^n = E^n\ \Psi^n, \tag{2.2}$$

wobei m die Masse des Teilchen ist und $\hbar$ sich aus dem Planckschen-Wirkungsquantum über die Beziehung $\hbar = h/2\pi$ ergibt.

Die Schrödingergleichung lässt sich jedoch nur für sehr einfache Potentiale V, wie z.B. für das Wasserstoffatom, exakt lösen. Um eine Abschätzung für mehratomige Moleküle mit großen Elektronendichten machen zu können, müssen Vereinfachungen oder Näherungen eingeführt werden. Eine solche Näherung ist die Born-Oppenheimer-Näherung [19]:

$$\Psi_{total} = \Psi_{electronic}\ \Psi_{nuclear}. \tag{2.3}$$

In dieser Näherung wird die Bewegung der nahezu ortsfesten Kerne von der der einzelnen Elektronen entkoppelt. Die Wellenfunktionen der Elektronen werden im festen Potential der Kerne berechnet. Durch anschließende Variation der Kernpositionen lassen sich die Wellenfunktionen der Elektronen für alle möglichen Kernpositionen berechnen.

Für die Betrachtung größerer Moleküle gibt es weitere Ansätze, um die Ausbildung definierter energetischer Zustände des Gesamtmoleküls zu beschreiben. Für eine n-Elektronen Wellenfunktion eines solchen Moleküls kann nach dem Ansatz der Molekülorbitaltheorie (MO) die Wellenfunktion Ψ als Produkt

$$\Psi(\vec{r_1},...,\vec{r_n}) = \prod_{i=1}^{n} \psi_i(\vec{r_i}), \tag{2.4}$$

von Orbitalen $\psi_i(\vec{r_i})$ statistisch unabhängiger Elektronen mit ihren Koordinaten $\vec{r_i}$ geschrieben werden. $\psi_i(\vec{r_i})$ liefert dabei die als Lösungen für die einzelnen Elektronen resultierenden

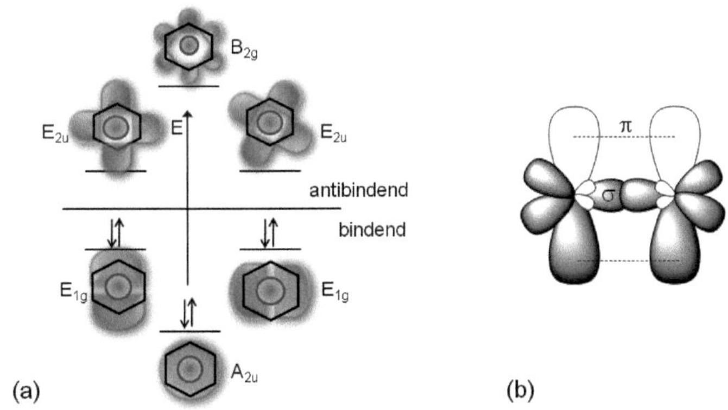

Abbildung 2.1: (a) Energetische Aufspaltung und Darstellung der Grenzorbitale nach Linearkombination aller p_z-Atomorbitale der einzelnen Kohlenstoffatome im Benzol (mit Symmetriegruppen), (b) Ausbildung von σ- und π-Bindungen zwischen zwei sp^2-hybridisierten Kohlenstoffatomen.

Molekülorbitale des Gesamtmoleküls [20,21]. Für die Konstruktion und zur Veranschaulichung solcher Molekülorbitale wird häufig eine Linearkombination der einzelnen beteiligten Atomorbitale nach dem LCAO-Verfahren (engl.: linear combination of atomic orbitals) genutzt. Die Lösungen, die diese Methode liefert, werden als bindende und antibindende Molekülorbitale bezeichnet. Für die elektronischen und photophysikalischen Betrachtungen reicht es aus, die nach der MO-Theorie resultierenden Grenzorbitale zu betrachten. Diese Grenzorbitale sind das höchste besetzte Molekülorbital (HOMO) und das niedrigste unbesetzte Molekülorbital (LUMO). Die nach der LCAO-Methode resultierende energetische Aufspaltung der Molekülorbitale ist in Abbildung 2.1 (a) am Beispiel des Benzols für die Linearkombination der einzelnen p_z-Atomorbitale dargestellt.

Die Eigenschaften der verwendeten organischen Materialien sind stark von dem sehr ausgedehnten π-Elektronensystem der Moleküle geprägt. In ausgedehnten aromatischen Systemen, wie beispielsweise dem Benzol und seinen artverwandten höheren kondensierten Aromaten, befinden sich die σ-Bindungen alle in einer Ebene zwischen den einzelnen Atomen. Durch die sp^2-Hybridisierung der einzelnen Kohlenstoffatome befindet sich ein Teil der Elektronendichte in den orthogonal zur σ-Bindungsebene ausgerichteten p_z-Orbitalen (siehe Abbildung 2.1 (b)). Im Gegensatz zu den σ-Bindungen ist die Elektronendichte in den p_z-Orbitalen oder genauer in den resultierenden Molekülorbitalen über die gesamte Ausdehnung des π-Systems delokalisiert. Für größere ausgedehnte π-Elektronensysteme ergibt sich eine größere Anzahl an Molekülorbitalen, deren energetischer HOMO-LUMO Abstand mit zunehmender Größe des π-Elektronensystems abnimmt. Materialien, die in OLEDs eingesetzt werden, verfügen meist über ein solch ausgedehntes π-Elektronensystem, welches die physikalischen Eigenschaften der organischen Materialien maßgeblich bestimmt.

2.1.2 Organischer Festkörper

Nach der theoretischen Betrachtung der energetischen Zustände im isolierten Molekül sollen anschließend die elektronischen Eigenschaften auf den amorphen organischen Festkörper übertragen werden. Für diese Betrachtung spielen insbesondere die Grenzorbitale (HOMO, LUMO) eine entscheidende Rolle. Im Gegensatz zum isolierten Molekül liegen im amorphen organischen Festkörper die Moleküle ungeordnet nebeneinander vor. Die intermolekularen Wechselwirkungen zweier benachbarter Moleküle sind nur schwach ausgeprägt und somit kommt es zu einer nur geringen Wechselwirkung der relevanten Molekülgrenzorbitale. Diese nur geringen Wechselwirkungen der Moleküle sind für die makroskopischen Eigenschaften des organischen Halbleiters verantwortlich [22].

Im Festkörper polarisieren die neutralen Moleküle aufgrund ihrer undefinierten Lage zueinander ihre direkte Umgebung und verursachen eine schwache geometrische Verschiebung in den Elektronendichteverteilungen ihrer nächsten Nachbarn. Durch diese schwachen polarisierenden Wechselwirkungen kommt es bereits zur Ausbildung einer Zustandsdichteverteilung der Grenzorbitale im ungeladenen organischen Festkörper [23].

Die Gesamtpolarisation des organischen Halbleiters wird noch einmal verstärkt, wenn zusätzlich der Einfluss von ionisierten Molekülen auf die umgebenden neutralen Molekülverbände berücksichtigt wird. Dieses würde dem Fall der injizierten und transportierten Ladungsträger entsprechen. Ladungsträger (Löcher oder Elektronen) sind im organischen Halbleiter auf nur einem Molekül lokalisiert. Die daraus resultierende elektronische Polarisation P_{el} der umgebenen Moleküle führt zu einer relativen Verschiebung der Schwerpunkte der positiven und negativen Ladungen und der damit verbundenen Ausbildung von Dipolen. Durch diese elektronische Polarisation erhält man die im organischen Halbleiter vorherrschende Transportbandlücke E_T, dessen Bandabstand um die Summe der Polarisationsenergien $P_e + P_h$ für Elektronen und Löcher im Vergleich zum isolierten Molekül erniedrigt ist (siehe Abbildung 2.2 (a)). Ein die Umgebung polarisierender Ladungsträger wird dabei als Loch- bzw. Elektronenpolaron beschrieben [25, 26] [1]. Die Polarisationsenergien P_e und P_h

[1] Der Begriff Polaron bezeichnet ein Quasiteilchen, das einen Ladungsträger und die durch den Ladungsträger verursachte Polarisation der Umgebung beschreibt [24].

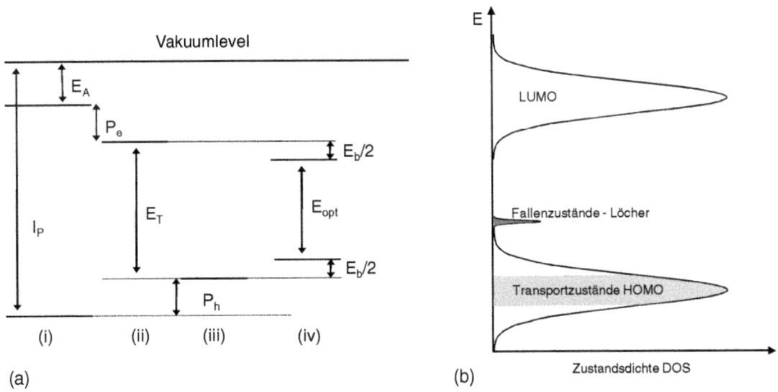

Abbildung 2.2: (a) Energetische Zustände eines organischen Moleküls, (i) isoliert, neutral; (ii) unter Einfluss eines Elektronenpolarons; (iii) unter Einfluss eines Lochpolarons; (iv) nach Bildung eines Exzitons. (b) Gaußsche Zustandsdichteverteilung der Grenzorbitale im amorphen organischen Festkörper (Lochtransport).

können für das Loch- und für das Elektronenpolaron als gleich angenommen werden. Die Zustandsdichteverteilung (engl.: density of states - DOS) der Grenzorbitale (HOMO, LUMO) unterliegt dabei im organischen, amorphen Festkörper einer Gaußverteilung und ist für den Fall des Lochtransports schematisch in Abbildung 2.2 (b) dargestellt [23]. Die für den Lochtransport verantwortlichen energetischen Zustände (grau gekennzeichneter Bereich) befinden sich im Zentrum der Gaußverteilung, wo eine große Anzahl an Nachbarn mit ähnlichen energetischen Zuständen existiert. Höhere energetische Zustände (engl.: tail-states) der Zustandsdichteverteilung und Zustände innerhalb der Bandlücke können im Fall des Ladungstransports als Fallenzustände wirken. Zustände innerhalb der Bandlücke gehen dabei häufig auf Verunreinigungen im Festkörper zurück.

Da zwischen Elektronen- und Lochpolaron eine Coulomb-Wechselwirkung existiert, können beide Ladungsträger auf einem Molekül zu einem Elektron-Loch-Paar oder auch Exziton genannt rekombinieren. Exzitonen sind im Fall der organischen Halbleiter stark lokalisiert und können somit der Klasse der Frenkel-Exzitonen zugeordnet werden [22]. Bei der Bildung eines Exzitons wird die Exzitonenbindungsenergie E_b frei, woraus die optische Bandlücke E_{opt} des Materials resultiert (siehe Abbildung 2.2 (a)) [27]. Für sehr stark lokalisierte Exzitonen (Frenkel-Exzitonen) kann diese Bindungsenergie sogar Werte bis 1 eV annehmen [28]. Die optische Bandlücke kann durch die Bestimmung der längstwelligen Absorptionskante eines Moleküls direkt bestimmt werden.

Neben der Bestimmung des Energieunterschieds E_{opt} gibt es weitere experimentelle Methoden, die eine Abschätzung der Energien der Grenzorbitale (HOMO, LUMO) ermöglichen. Die Bestimmung der HOMO-Energien kann experimentell über Ultraviolett Photoelektronenspektroskopie (UPS) erfolgen [29]. Zur direkten Bestimmung des LUMO-Niveaus wird die inverse Photoelektronenspektroskopie (IPES) genutzt [30].

Neben den photophysikalischen Messungen am organischen Festkörper können die energetischen Lagen der Grenzorbitale auch elektrochemisch bestimmt werden. Da die elektrochemischen Messungen in einem flüssigen Medium durchgeführt werden, unterscheidet sich die Polarisationsumgebung der Moleküle von der im Festkörper. Trotz dieses Unterschieds können die über UPS und IPES erhaltenen Messwerte für die energetischen Lagen der Grenzorbitale sehr gut mit den elektrochemischen Ergebnissen verglichen werden [30, 31]. Für die Charakterisierung der energetischen Lagen von HOMO und LUMO der eingesetzten Materialien wurden in dieser Arbeit elektrochemische Methoden genutzt. Diese werden in Abschnitt 3.3.2 genauer vorgestellt.

2.2 Organische Leuchtdioden

Nach der qualitativen Beschreibung der energetischen Zustände im isolierten Molekül und im organischen Halbleiter soll hier kurz auf alle grundlegenden Prozesse zum Verständnis von organischen Leuchtdioden eingegangen werden. Für eine detailliertere Betrachtung sei auf die Quellen [22, 23] verwiesen.

OLEDs bestehen meist aus mehreren organischen Schichten (Gesamtschichtdicke etwa 100–200 nm), die nacheinander vertikal zwischen zwei elektrische Kontakte aufgebracht werden. Ein solch einfacher OLED-Aufbau wurde bereits kurz in der Einleitung vorgestellt. In dieser Arbeit wurde fast ausschließlich eine aus fünf einzelnen Schichten bestehende OLED-Struktur verwendet, die beispielhaft in einem schematischen Energiediagramm der Grenzorbitale in Abbildung 2.3 gegeben ist.

Hierbei sind die energetischen Lagen der HOMOs und LUMOs der hier fiktiven Materialien relativ zu den Austrittsarbeiten der Elektrodenmaterialien aufgetragen. Die Darstellung erfolgt dabei von links nach rechts in der Depositionsreihenfolge der unterschiedlichen Schichten. Neben der Emissionsschicht (EML) und den Ladungstransportschichten (HTL und ETL) wurden hier noch zwei Ladungsträgerinjektionsschichten (HIL und EIL) eingeführt, die insbe-

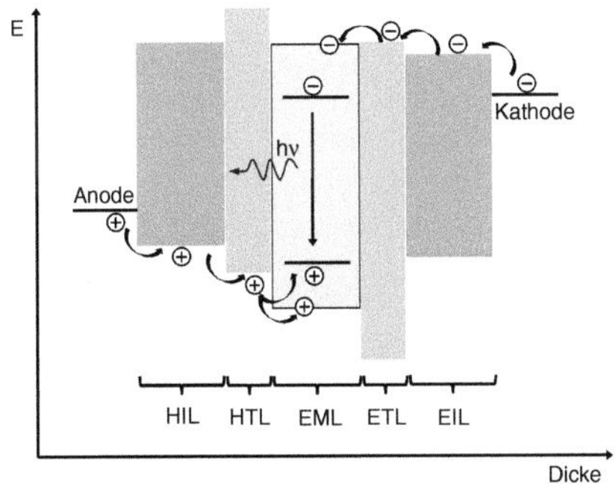

Abbildung 2.3: Schematisches Energiediagramm einer fiktiven, mehrschichtigen OLED-Struktur: Lochinjektionsschicht (engl.: hole injection layer - HIL), Lochtransport-/Elektronenblockerschicht (engl.: hole transporting/electron blocking layer - HTL/EBL), Emissionsschicht (engl.: emission layer - EML) , Elektronentransport-/Lochblockerschicht (engl.: electron transporting/hole blocking layer - ETL/HBL), Elektroneninjektionsschicht (engl.: electron injection layer - EIL).

sondere für eine gute Ladungsträgerinjektion und einen optimierten Ladungsträgertransport verwendet wurden.

Um die Funktionsweise einer kompletten OLED besser zu verstehen, sollen schrittweise alle wichtigen Einzelprozesse kurz erläutert werden. Die dabei auch in Abbildung 2.3 angedeuteten Einzelprozesse können in folgende Punkte untergliedert werden:

- Ladungsträgerinjektion
- Ladungsträgertransport
- Ladungsträgerrekombination
- Zerfall des Exzitons

Ladungsträger werden an den Elektroden in die angrenzenden organischen Schichten injiziert. Nach der Injektion werden die Ladungsträger entsprechend dem vorherrschenden elektrischen Feld transportiert. An den Grenzflächen zwischen den einzelnen organischen Schichten, wie auch an den Grenzflächen zu den Elektroden, müssen die Ladungsträger vorhandene energetische Barrieren überwinden. Idealerweise rekombinieren die Löcher und Elektronen in der Emissionschicht und bilden ein Exziton auf dem Emittermolekül aus, welches anschließend strahlend zerfällt.

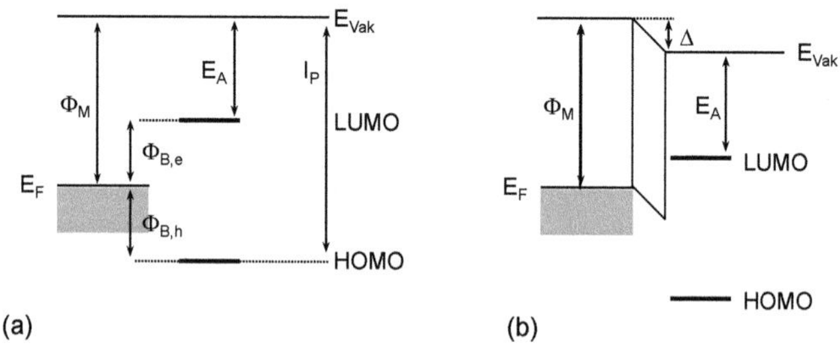

Abbildung 2.4: Schematischer Verlauf der Energieniveaus an Metall/Organik Grenzfläche; (a) ohne Grenzflächendipol, (b) mit Grenzflächendipol.

2.2.1 Ladungsträgerinjektion

Die Injektion aus dem Elektrodenmaterial in die angrenzende organische Schicht hängt stark von der Grenzschicht zwischen beiden Materialien ab. Für die Injektion müssen die Ladungsträger generell die an den Grenzflächen abfallende Energiebarriere zwischen HOMO und LUMO und den Austrittsarbeiten Φ_M der verwendeten Elektrodenmaterialien überwinden. Unter Vernachlässigung der Wechselwirkungen beider Materialien wird angenommen, dass das Vakuumlevel über den Verlauf der Grenzfläche konstant ist (Abbildung 2.4 (a)). Für die Energiebarrieren der Löcher $\Phi_{B,h}$ und der Elektronen $\Phi_{B,e}$ kann für die Injektion von Ladungsträgern aus einem Metall in eine organische Schicht folgender Zusammenhang geschrieben werden [32, 33]:

$$\Phi_{B,e} = \Phi_M - E_A \qquad \Phi_{B,h} = I_P - \Phi_M, \tag{2.5}$$

wobei E_A die Elektronenaffinität und I_P die Ionisationsenergie, Materialkonstanten des jeweiligen organischen Materials, sind. Gezielte Untersuchungen haben jedoch gezeigt, dass diese einfache Annahme das tatsächliche Bild nicht ausreichend gut genug beschreibt. Durch Ausbildung von Grenzflächendipolen verschiebt sich der Verlauf des Vakuumlevels um einen bestimmten Wert Δ (Abbildung 2.4 (b)). Als mögliche Gründe für die Entstehung dieser Grenzflächendipole werden Ladungstransfer, chemische Reaktionen und Fallenzustände an der Grenzfläche angeführt [34]. Unter Berücksichtigung der Ausbildung von Grenzflächendipolen (Versatz des Vakuumlevels um Δ) kann für die resultierenden Injektionsbarrieren folgender Zusammenhang aus Gleichung 2.5 formuliert werden:

$$\Phi_{B,e} = \Phi_M - E_A - \Delta \qquad \Phi_{B,h} = I_P - \Phi_M + \Delta. \tag{2.6}$$

Um Ladungsträger in die organischen Schichten zu injizieren, müssen diese vorhandenen Energiebarrieren überwunden werden. Die Injektion kann auf unterschiedlichen Wegen erfolgen. Das thermionische Modell beruht auf der Richardson Beziehung und beschreibt die Injektion durch thermische Anregung der Ladungsträger [35]. Die thermionische Injektion ist jedoch klein für geringe Temperaturen und hohe Injektionsbarrieren. Das zweite Modell beschreibt das Tunneln von Ladungsträgern durch die abfallenden Energiebarrieren und beruht auf der Fowler-Nordheim Beziehung [36].

2.2.2 Ladungsträgertransport

Wie bereits zuvor beschrieben, polarisieren lokalisierte Ladungsträger das Molekül auf dem sie sich befinden und die sie umgebenden nächsten Nachbarn. Diese Polarisation ist die Folge der starken Lokalisierung der Ladungsträger auf nur einem Molekül [2]. Der Transport von einem Molekül zum nächsten energetisch günstigen Zustand wird dabei als Hopping-Prozess bezeichnet [23]. Positive und negative Ladungsträger, die sehr eng mit einer Polarisationsverzerrung verbunden sind, können als Polaronen und deren Transport als Polaronentransport angesehen werden [24]. Wie bei der Ladungsträgerinjektion müssen die Ladungsträger für den Transport eine Energiebarriere überwinden. Die Ladungsträgerbeweglichkeit μ der Loch- bzw. Elektronenpolaronen ist dabei keine Konstante und hängt von der thermischen Energie k_BT, der Aktivierungsenergie E_a und dem elektrischen Feld E ab. Die temperatur- und feldabhängige Beweglichkeit kann dabei durch die Poole-Frenkel-Beziehung ausgedrückt werden:

$$\mu(T,E) = \mu_0 e^{\left(-\frac{(E_a-\beta\sqrt{E})}{(k_B T_{eff})}\right)}, \tag{2.7}$$

wobei μ_0 die Ladungsträgerbeweglichkeit ohne vorherrschendes elektrisches Feld ist. β ist der Feldaktivierungsfaktor, k_B die Boltzmann-Konstante und T_{eff} die effektive Temperatur (empirisch ermittelt) [37].

Die typischerweise in OLEDs eingesetzten Materialien weisen vergleichsweise geringe Ladungsträgerbeweglichkeiten von etwa 10^{-3} bis 10^{-7} cm^2/Vs auf [38–40]. Die Gründe für die geringen Beweglichkeiten sind einerseits die nur sehr schwachen Wechselwirkungen benachbarter Moleküle und andererseits die hohe Anzahl von Fallenzuständen im organischen Festkörper. Ursache für diese Fallenzustände sind neben bereits erwähnten chemischen Verunreinigungen auch Degradationsprodukte, die im laufenden Betrieb oder auch bei der Prozessierung gebildet werden.

Der Strom kann im Falle eines organischen Halbleiters zum einen durch die Ladungsträgerinjektion oder zum anderen durch den Transport im Festkörper limitiert sein. Eine

[2] Diese Annahmen gelten in erster Linie für den amorphen organischen Festkörper.

Injektionslimitierung ist im organischen Halbleiter nur bei sehr geringen Spannungen gegeben. Aufgrund der vorherrschenden Ladungsträgerbeweglichkeiten und der vorherrschenden Fallenzustände im organischen Halbleiter kommt es für steigende Spannungen zur Ausbildung einer Raumladungszone, welche das elektrische Feld an den Kontakten abschirmt. Der daraus resultierende limitierte Strom wird als raumladungsbegrenzter Strom (engl.: space charge limited current - SCLC) bezeichnet. Für einen unipolaren Ladungstransport in einem organischen Halbleiter ohne Fallenzustände und einem ohmschen Kontakt kann der raumladungsbegrenzte Strom durch die Mott-Gurney-Gleichung beschrieben werden:

$$J_{MG} = \frac{9}{8}\epsilon_0\epsilon_r\mu\frac{U^2}{d^3}, \tag{2.8}$$

wobei $\epsilon_0\epsilon_r$ die Permitivität der organischen Schicht, μ die Ladungsträgerbeweglichkeit, U die Spannung und d die Schichtdicke der organischen Schicht wiedergeben. Es wird deutlich, dass in diesem Fall der Strom stark von der Dicke der organischen Schicht abhängt.

Neben der Limitierung des Stroms durch die entstehende Raumladungszone (SCLC) ist der Strom ebenfalls durch die vorhandenen Fallenzustände im organischen Festkörper limitiert. Diese Fallenzustände werden nach und nach aufgefüllt und tragen somit nicht zum Ladungstransport bei. Erst bei hohen Spannungen, bei denen alle vorhandenen Fallenzustände aufgefüllt sind, kann diese Art der Limitierung des Stroms vernachlässigt werden. Der Strom kann dann gut über die Mott-Gurney-Beziehung beschrieben werden.

2.2.3 Elektrische Dotierung von organischen Halbleitern

Nahezu alle in dieser Arbeit untersuchten organischen Bauelemente verfügen über elektrisch dotierte Ladungsträgerinjektionsschichten. Durch den Ansatz der elektrischen Dotierung mit Donor-(n-Dotierung) oder Akzeptormolekülen (p-Dotierung) konnten in der Vergangenheit die Leitfähigkeiten der dotierten organischen Schichten um ein Vielfaches im Vergleich zu rein intrinsischen Schichten gesteigert werden [41,42]. Dieser Effekt kann über einen starken Anstieg der freien Ladungsträgerdichten und der damit verbundenen Füllung der limitierenden Fallenzustände erklärt werden. Aufgrund einer starken Bandverbiegung kommt es zusätzlich zu einer schmalen raumladungsbegrenzten Zone an den Kontakten, die sehr leicht durch Tunnelprozesse der zu injizierenden Ladungsträger überwunden werden kann. Ähnlich wie bei den anorganischen Halbleitern, kann bei elektrisch dotierten organischen Halbleitern oft von einer ohmschen Injektion der Ladungsträger an den Elektroden ausgegangen werden [41,43].

Die elektrische Dotierung von organischen Ladungstransportschichten konnte bereits durch die Verwendung von Gasen (NO_2) [44], Metallen (Li, Cs) [45,46], Metalloxiden (MoO_3) [47] und von organischen Molekülen (F_4-TCNQ) [42, 48] gezeigt werden. Die Dotierung mit organischen Molekülen bietet dabei die größte Materialvielfalt, um ausreichende Dotierstärken und Diffusionshemmungen, auch für den Betrieb bei hohen Temperaturen, zu erreichen. Beispielsweise konnte für kleine atomare Dotanten (Lithium) die Tendenz zur Diffusion innerhalb der organischen Schichten nachgewiesen werden [49]. Die Diffusionsneigung konnte durch den Einsatz von z.B. atomaren Dotanten mit größerem Atomrumpf (Cäsium) reduziert werden.

p-Dotierung

Für eine erfolgreiche p-Dotierung organischer Lochtransportmaterialien sind die Lage des HOMOs des Lochtransportmaterials (Matrix) und die energetische Lage des LUMOs des Akzeptors (p-Dotant) entscheidend. Ein schematisches Beispiel für die relativen energetischen Lagen von HOMO (Matrix) und LUMO (Akzeptor) ist in Abbildung 2.5 dargestellt. Als p-Dotanten kommen somit starke Elektronenmangelverbindungen zum Einsatz. Beispiele für starke molekulare Elektronenmangelverbindungen sind F_4-TCNQ (2,3,5,6-tetrafluor-7,7,8,8-tetracyanochinodimethan) und HAT-CN (1,4,5,8,9,11-hexaazatriphenyl-hexacarbonitril) [50–52]. Der Grund für den starken Elektronenmangel kann beim F_4-TCNQ mit dem vorhandenen chinoiden System und den stark elektronegativen Substituenten angeführt werden. Als Matrixmaterialien sind vor allem Lochtransportmaterialien mit energetisch hochliegenden HOMOs geeignet. Die p-Dotierung kann somit als Elektronentransfer vom HOMO des Matrixmoleküls auf das LUMO des Dotanten beschrieben werden. Durch diesen Elektronentransfer wird ein Loch (freier Ladungsträger) auf dem Matrixmaterial erzeugt.

Metalloxide, wie beispielsweise Molybdäntrioxid (MoO_3), weisen ebenfalls sehr hohe Elektronenaffinitäten und Ionisationsenergien auf und eignen sich aus diesem Grund ebenfalls sehr gut für die elektrische Dotierung von organischen Lochtransportmaterialien. Für MoO_3 konnte mit Hilfe von UPS- und IPES-Messungen eine Elektronenaffinität von -6.7 eV und eine Ionisationsenergie von -9,7 eV bestimmt werden [53]. Unter Verwendung von MoO_3 als p-Dotant gelang es, ebenfalls Lochtransportmaterialien mit energetisch tiefliegenden HOMO-Lagen zu dotieren. Neueste Untersuchungen haben jedoch gezeigt, dass die Dotiereffizienz von MoO_3 im Vergleich zu molekularen Dotanten deutlich geringer ist [54]. In dieser Arbeit wurde für die p-dotierten Lochinjektionsschichten die Kombination aus α-NPD (*N,N*'-Di(naphth-1-yl)-*N,N*'-diphenyl-benzidin) als Lochtransportmaterial und MoO_3 als p-Dotant eingesetzt.

n-Dotierung

Im Gegensatz zur p-Dotierung findet bei der n-Dotierung ein Elektronentransfer vom HOMO des Dotanten auf das tiefer liegende LUMO der Matrix statt (siehe Abbildung 2.5). Es

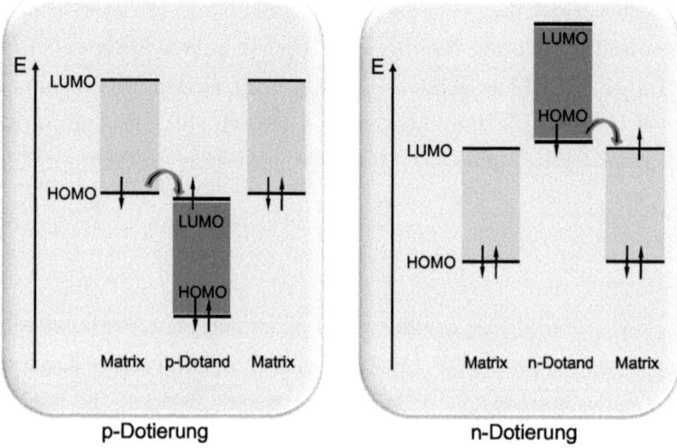

Abbildung 2.5: Schematische Darstellung der p- (links) und der n-Dotierung (rechts) von organischen Halbleitern.

sind demzufolge Dotanten nötig, die selbst starke Reduktionsmittel darstellen. Geringe Ionisationsenergien, als Folge des starken Elektronenüberschusses, machen diese Materialien instabil an der Atmosphäre. Neben den Alkalimetallen Lithium ($I_P = 5{,}39\,\text{eV}$) und Cäsium ($I_P = 3{,}89\,\text{eV}$) [55] sind nur wenige molekulare n-Dotanten für die elektrische Dotierung von organischen Halbleitern beschrieben.

Von der Gruppe um Khan wurde die n-Dotierung eines Elektronentransportmaterials mit Bis(cyclopentadienyl)cobalt(II) (Kobaltozen, $CoCp_2$, $I_P = 4\,\text{eV}$ im kondensierten Film) anhand von UPS- und IPES-Messungen untersucht [48]. Das aktuell stärkste stabile chemische Reduktionsmittel ist ein zweikerniger Wolframkomplex ($W_2(hpp)_4$). Die Ionisationsenergie wurde zu $I_P = 3{,}51\,\text{eV}$ bestimmt [56]. Anwendungen dieses Komplexes im Bereich organischer Leuchtdioden sind nicht in der Literatur beschrieben. Die Verwendung von Cäsium-Verbindungen wie Cs_2CO_3 oder Cs_2O als n-Dotanten scheint auf den ersten Blick wenig erfolgversprechend. Jedoch konnte eine elektrische Dotierung von beispielsweise Phenanthrolinen mit thermisch im UHV verdampftem Cs_2CO_3 gezeigt werden [46]. Erklärungsversuche zum Ursprung dieses Dotiereffektes beruhen auf der thermischen Zersetzung der Cäsium-Verbindungen, bei der reaktive Zwischenstufen gebildet werden oder elementares Cäsium den Dotierungseffekt verursacht [57]. In dieser Arbeit wurde für die n-dotierten Elektroneninjektionsschichten die Kombination aus Bphen (4,7-Diphenyl-1,10-phenanthrolin) als Matrix und Cs_2CO_3 als n-Dotant eingesetzt.

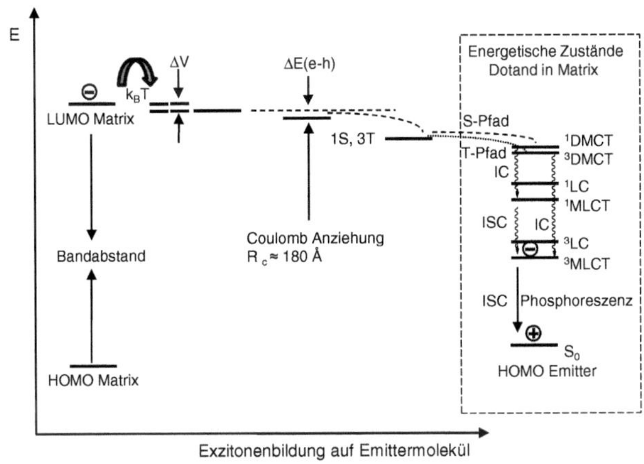

Abbildung 2.6: Schematisches Modell der Bildung eines Exzitons auf einem Triplett-Emitter im Matrixmaterial. Hierbei wird eine anfängliche Lokalisierung des Lochs auf dem HOMO des Emitters angenommen (Kopie aus [58].)

2.2.4 Ladungsträgerrekombination

Wie bereits kurz beschrieben, unterliegen Elektron und Loch einer attraktiven coulombschen Wechselwirkung, die idealerweise dazu führt, dass beide Ladungsträger auf einem Emittermolekül zu einem Elektron-Loch-Paar (Exziton) rekombinieren. Der Vorgang der Rekombination soll im folgenden Absatz anhand der Rekombination in der Emissionsschicht, bestehend aus Matrix und Triplett-Emitter, vorgestellt werden. Im verwendeten Modell wird davon ausgegangen, dass das Loch sich auf dem HOMO des Emitters befindet und dass das Elektron sich in der Emissionsschicht entsprechend dem elektrischen Feld bewegt. Dieses Modell der Lokalisierung einer Ladungsträgerart im Fallenzustand des Emittermoleküls wurde für sehr effiziente Triplett-Emitter gefunden [15]. Andere Modelle der Exzitonenbildung, beispielsweise auf dem Matrixmolekül mit stufenweisem Energietransfer zum Emitter, sind auch denkbar. In dem in Abbildung 2.6 dargestellten schematischen Modell werden die schrittweise ablaufenden Prozesse im externen Potential bis zur Bevölkerung des niedrigsten Triplett-Niveaus beschrieben [58].

Der Transport des Elektrons zwischen den Matrixmolekülen benötigt (siehe Abschnitt 2.2.2) aufgrund der Polarisationsverschiebungen und der energetischen Absenkung eines lokalisierten

Polarons eine thermische Aktivierung. Um einen Fallenzustand für das Elektron zu vermeiden, sollte die Aktivierungsenergie in der Größenordnung der thermischen Energie k_BT liegen. Außerhalb der Coulomb-Wechselwirkung bewegt sich das Elektron im externen Potential ΔV des elektrischen Feldes. Im Bereich des kritischen Elektron-Loch Separationsabstandes von etwa $R_C \approx 180\,\text{Å}$ ist der Einfluss der Coulomb-Wechselwirkung gleich der thermischen Aktivierung. Es gilt:

$$\Delta E(e-h) = \frac{e^2}{4\pi\epsilon_0\epsilon R_C} = k_BT, \tag{2.9}$$

mit e der Elementarladung des Elektrons, ϵ_0 und ϵ den dielektrischen Konstanten des Vakuums und des Matrixmaterials. Die Coulomb-Anziehung wirkt sich somit über eine große Distanz aus. Innerhalb dieser Distanz soll das Elektron-Loch-Paar als Exziton beschrieben werden.

Betrachtet man die möglichen Ausrichtungen beider Spins, des transportierten und des lokalisierten Elektrons im HOMO des Emitters zueinander, so gibt es vier mögliche quantenmechanische Zustände. Ein möglicher Zustand ist die antiparallele Ausrichtung der Spins (der Singulett-Zustand). Die parallele Ausrichtung der Spins resultiert in einem Triplett-Zustand, der aufgrund unterschiedlicher Orientierungen der Spins relativ zum vorherrschenden Magnetfeld in drei Unterzustände aufspaltet. Aufgrund der energetischen Entartung (bei größerer Entfernung der Ladungsträger) des Singulett-Zustands und der Triplett-Zustände werden statistisch zu 25 % Singulett-Exzitonen und zu 75 % Triplett-Exzitonen gebildet.

Das Elektron bewegt sich aufgrund der Coulomb-Wechselwirkung weiter in Richtung des Lochs. In der direkten Umgebung zum Emitter und somit auch zum Loch kommt es zu einer kleinen energetischen Aufspaltung (zweite Hundsche Regel [20]) zwischen dem Singulett- und den Triplett-Niveaus. Der Energietransfer vom Matrixmolekül ist hier als „Dotant zu Matrix-Ladungstransfer“ (engl.: dopand to matrix charge transfer - DMCT) bezeichnet. Durch diesen Ladungstransfer werden die ^{1}DMCT und ^{3}DMCT Zustände auf dem Emittermolekül besetzt.

Aus diesen energetisch hochliegenden Zuständen findet eine sehr schnelle innere Konversion (engl.: internal conversion - IC) in die energetisch niedrigeren Zustände statt (hier ^{1}MLCT und ^{3}MLCT (engl.: metal to ligand charge transfer - MLCT)). Durch innere Konversion kann es nicht zu einer Änderung der Spinmultiplizität kommen. Dieser Vorgang, der den Wechsel der Spinmultiplizität beschreibt, wird als intersystem crossing - ISC (engl.) bezeichnet. Der Wechsel der Spinmultiplizität ist nach der Quantenmechanik für diese Prozesse spinverboten. Für Triplett-Emitter mit starker Spin-Bahn-Kopplung und somit einem hohen Einfluss des Metallzentrums wurde die Zeitkonstante für das intersystem crossing (Bevölkerung des ^{3}MLCT-Zustands) jedoch im Bereich von Femtosekunden bestimmt [59]. Die Relaxationsprozesse auf dem Emitter bis in den niedrigsten Triplett-Zustand ^{3}MLCT laufen idealerweise mit einer Quantenausbeute von 100 % ab. Alle ursprünglich gebildeten Exzitonen bevölkern das energetisch am niedrigsten liegende Triplett-Niveau. Neben dem hier energetisch niedrigsten Triplett-Niveau mit ^{3}MLCT-Charakter kann auch das ligandenbasierte ^{3}LC-Niveau (engl.: ligand-centered - LC) energetisch am niedrigsten liegen (materialspezifisch).

Bei den photophysikalischen Eigenschaften der Triplett-Emitter mit ausgeprägtem ^{3}MLCT- oder ^{3}LC-Charakter kann es große Unterschiede geben [8–10]. Diese Unterschiede beruhen maßgeblich auf dem Einfluss der $5d$-Elektronendichte des Metallzentrums. Emitter mit starkem ^{3}MLCT-Charakter weisen eine schmalbandige Emission und sehr kurze Triplett-Lebensdauern (etwa 1-3 µs) auf. Im Gegensatz dazu weisen Emitter mit stark ligandenbasiertem ^{3}LC-Charakter eine breite Emission überlagert von Schwingungszuständen der Liganden auf. Die Triplett-Lebensdauern liegen dabei häufig bei deutlich höheren Werten [8]. Für eine möglichst hohe strahlende Zerfallsrate oder Zerfallskonstante sind sowohl hohe Photonenquantenausbeuten Φ als auch möglichst kurze Triplett-Lebensdauern τ_{ph} entscheidend. Dabei ergeben sich die Raten der strahlenden k_r und der nichtstrahlenden k_{nr} Zerfallsprozesse aus [60]:

$$k_r = \frac{\Phi}{\tau_{ph}} \qquad und \qquad k_{nr} = \frac{1}{\tau_{ph} - k_r}. \tag{2.10}$$

Kurze Triplett-Lebensdauern können in einigen Fällen auch die Folge von nichtstrahlenden Zerfallsprozessen (sehr geringe Photonenquantenausbeuten aufgrund nichtstrahlender Verlustkanäle) wie beispielsweise beim *mer*-Isomer des Emitters Ir(ppy)$_3$ sein [61].

2.3 Degradation von organischen Leuchtdioden

Die Untersuchungen der in der OLED auftretenden Luminanzdegradation stellen einen wichtigen Teil dieser Arbeit dar. Aufgrund dessen soll zunächst ein Überblick über die aktuelle Literatur gegeben werden. Trotz der mittlerweile mehr als zwanzigjährigen Forschung im Bereich der OLEDs, stellt die fortschreitende Luminanzdegradation und das Verständnis ihres Ursprungs immer noch die größte Herausforderung dar. Für den kommerziellen Erfolg von OLEDs sind prinzipiell sehr geringe Luminanzdegradationen bei hohen Betriebshelligkeiten und erhöhten Betriebstemperaturen für alle drei Grundfarben und Weiß zwingend erforderlich. Bei der Beschreibung des sichtbaren Luminanzabfalls muss immer davon ausgegangen werden, dass verschiedene Degradationspfade nebeneinander existieren, die jedoch einer unterschiedlichen Kinetik unterliegen. Das nach außen sichtbare Resultat ist somit immer eine Überlagerung aller gleichzeitig stattfindenden Degradationsprozesse.

Das Phänomen der Degradation von OLED-Bauelementen ist in der Literatur dafür in zwei unterschiedliche Kategorien eingeteilt. Man unterscheidet zwischen intrinsischer und extrinsischer Degradation [62, 63]. Die intrinsischen Degradationsursachen zeichnen sich insbesondere durch ihre monoton fortschreitende Abnahme der externen Quanteneffizienz während des Betriebs aus. Die extrinsische Degradation hat meist von außen aufgeprägte Ursachen und ist nicht auf den Betrieb des Bauelements beschränkt.

Viele extrinsische Ursachen konnten in den letzten Jahren der intensiven Forschung stetig reduziert werden. Durch Verbesserung der Verkapselungstechnologie, wie beispielsweise der Klebstoffe für eine Glasdeckelverkapselung, wurden die für die OLEDs notwendigen minimalen Permeationsraten für Wasser und Sauerstoff erreicht. Ebenfalls konnten mit einer erhöhten Materialreinheit, erreicht durch angepasste Sublimationsverfahren, die Verunreinigungen im organischen Halbleiter reduziert werden [64, 65]. Es ist zu vermuten, dass unterschiedliche Reinheitsgüten häufig für die große Streuung der Luminanzlebensdauerdaten für baugleiche OLEDs in der Literatur verantwortlich sind. Auch in der Prozessierungstechnologie wurden immer weitere Fortschritte gemacht, die es ermöglichten, bereits bestehende Technologien zu verbessern und neue zu etablieren [53, 66]. Die hier gegebenen extrinsischen Faktoren könnten noch durch viele weitere Punkte ergänzt werden und sollen dabei nur den Unterschied zwischen extrinsischen und intrinsischen Ursachen der Degradation verdeutlichen. Extrinsische Faktoren können leichter analysiert und behoben werden als intrinsische.

Für die äußere Beurteilung der intrinsischen Degradation können folgende makroskopische Beobachtungen aufgeschrieben werden.

- Luminanzdegradation proportional zur Stromdichte bzw. Leuchtdichte [67]
- Luminanzdegradation abhängig von der Betriebstemperatur [68]
- Luminanzdegradation abhängig von der Exzitonenenergie des Emitters
  $\rightarrow$ blau $\gg$ grün $>$ rot [69]

Diese Beobachtungen lassen die Vermutung zu, dass für die Kinetik der intrinsischen Degradationsprozesse Faktoren wie die Anzahl der Rekombinationen auf den Emittermolekülen, die thermische Aktivierungsenergie und die Absolutenergien der erzeugten Exzitonen eine wichtige Rolle spielen. Bei der thermischen Aktivierung kann auch eine höhere Besetzungswahrscheinlichkeit der höher liegenden energetischen Zustände nach der Boltzmann-Statistik angenommen werden. Mit steigenden Temperaturen wird insbesondere auch die morphologische Stabilität der Materialien ein immer wichtigerer Faktor.

In den letzten Jahren wurden viele verschieden Theorien für die Erklärung des intrinsischen Luminanzabfalls aufgestellt, von denen bisher keine als dominierende Ursache bestätigt werden konnte. In der Arbeit von Jarikov *et al.* wurden einige ältere Erklärungsansätze der intrinsischen Degradation zusammengestellt und diskutiert [63]. Dazu gehörten beispielsweise die Theorie der morphologischen Instabilität, Migration des Metalls Indium aus der Elektrode, die Akkumulierung von Ladungsträgern und die Instabilität des Elektronentransportmaterials Alq_3 in seiner kationischen Form. Viele dieser Theorien beruhen auf einzelnen Beobachtungen in speziellen OLED-Strukturen.

Die heute anerkannteste Erklärung für die intrinsische Degradation der OLEDs beruht auf der chemischen Stabilität der eingesetzten Materialien [69, 70]. Aufgrund ihres chemischen Ursprungs sind diese Degradationsursachen materialspezifisch. Diese Erkenntnis gibt der Materialentwicklung die Chance, durch gezieltes Design neuer Materialklassen und spezifischer Veränderungen bekannter Systeme Fortschritte zu erreichen. Das Schwierige dabei ist jedoch, dass es bis heute nur ganz wenige Ansätze gibt, die es ermöglichen, die Stabilität einer Substanzklasse vorauszusagen. Durch die große Materialvielfalt in mehrschichtigen OLED-Aufbauten bedingt, wird die intrinsische Degradation des Bauelements immer als Summe aller einzelnen Degradationskinetiken erhalten. In vielen Arbeiten konnte jedoch gezeigt werden, dass insbesondere die verwendeten Materialien in der Nähe der Rekombinationszone eine entscheidende Rolle spielen [69, 71, 72].

Durch Variation der verwendeten Elektronentransport-/Lochblocker-Materialien konnte z.B. die t_{50}-Luminanzlebensdauer (Abfall auf 50 % der Startleuchtdichte), bei ansonsten konstantem OLED-Aufbau, etwa um den Faktor 150 auf ca. 30 000 Stunden gesteigert werden [71]. Unter der Annahme der Löcher als Majoritätsladungsträger in der Emissionsschicht (EML) kann eine Akkumulation der Löcher an der Grenzfläche zwischen Emissionsschicht und Elektronentransporter/Lochblocker angenommen werden [73]. Eine so starke Akkumulation der Löcher führt folglich auch dazu, dass die Rekombinationszone der Elektronen und Löcher sich sehr lokal an dieser Grenzfläche befindet und ihre Ausdehnung d_{rec} nur wenige Nanometer beträgt. Dieses Modell ist in der folgenden Abbildung 2.7 schematisch dargestellt.

Durch die schmale Rekombinationszone ist auch die lokale Exzitonendichte in diesem Bereich sehr hoch, da für kurze Triplett-Lebensdauern (kleine Diffusionslänge der Exzitonen) der Emittermaterialien davon ausgegangen wird, dass die Dicke der Emissionszone der Dicke der Rekombinationszone ähnelt. In der Arbeit von Giebink *et al.* werden als mögliche Ursachen für die intrinsische Degradation die bimolekularen Wechselwirkungen von Exziton-Exziton oder Exziton-Polaron angeführt [69]. Durch Energietransferprozesse werden hochliegende energetische Niveaus auf Matrix- oder Emittermolekül besetzt, die mit einer statistischen Wahrscheinlichkeit in dissoziative Zustände übergehen können. Die Folge dieser dissoziativen Prozesse wären reaktive Zwischenstufen, die selbst als tiefe Fallenzustände für Löcher $E_{t,h}$ und Elektronen $E_{t,e}$, Lumineszenzlöscher und nichtstrahlende Rekombinationszentren wirken könnten. Weiterhin könnten diese Zwischenstufen mit direkt in ihrer Umgebung befindlichen Molekülen Folgereaktionen eingehen. Giebink *et al.* vermuteten einen Luminanzabfall um

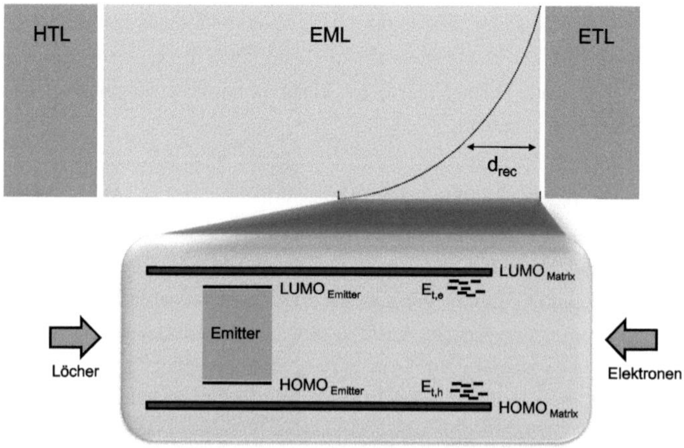

Abbildung 2.7: Schematische Darstellung der Emissionsschicht (EML) und der an der Grenzfläche zur Elektronentransportschicht exponentiell abklingenden Rekombinationszone. Vergrößerung: Darstellung der energetischen Niveaus von Matrix, Emitter und Fallenzuständen für Löcher und Elektronen in der Rekombinationszone, (Kopie aus [69]).

50 % der Starthelligkeit schon bei einer Steigerung der Defektdichte von anfänglich $10^{14}/cm^3$ auf $10^{18}/cm^3$.

In weiteren Arbeiten wurden solche dissoziativen Produkte (Abbauprodukte) mittels analytischer Methoden direkt nachgewiesen. Über Hochleistungsflüssigkeitschromatographie (HPLC)-MS Methoden konnten die möglichen dissoziativen Abbauprodukte der Matrixmaterialien α-NPD [74] und CBP (4,4'-Bis(*N*-carbazolyl)biphenyl) [70] nachgewiesen werden. In einer weiteren Arbeit wurden massenspektrometrische Untersuchungen genutzt, um die nur in kleinsten Mengen vorhandenen möglichen Abbauprodukte direkt in einer degradierten OLED zu analysieren. Hierbei konnten beispielsweise Dimerisierungsreaktionen von Phenanthrolinen und von Alq_3 nachgewiesen werden [75, 76]. Der Unterschied in der Langzeitstabilität (Variation ETL/HBL) von OLEDs mit Bphen, BCP (2,9-Dimethyl-4,7-diphenyl-1,10-phenanthrolin), Alq_3 und BAlq (Bis-(2-methyl-8-chinolato)-4-(phenyl-phenolato)-aluminum(III)) als Elektronentransporter/Lochblocker konnte mit diesen Erkenntnissen nachvollzogen werden. BAlq (langzeitstabilste untersuchte OLED-Struktur) ist das einzige dieser Materialien, für das kein direkter Abbau nachgewiesen werden konnte. Nur diese sehr empfindlichen analytischen Methoden eignen sich überhaupt zur gezielten Analytik von Abbauprodukten.

Die Rolle, die die unterschiedlichen Emittermaterialien bei der intrinsischen Degradation spielen, ist bisher noch völlig ungeklärt. Es gibt Untersuchungen, dass beispielsweise der blau-türkis emittierende Iridiumkomplex FIrpic (Bis(4,6-di-fluorphenyl)pyridin-N,C^2)-iridium-(picolinat)) die Fluoratome des Liganden 4,6-Di-fluorpyridin während der Sublimation abspaltet [77]. Der Einfluss der Emittermaterialien auf die intrinsische Degradation der OLED ist dabei ein Schwerpunkt dieser Arbeit und wird detailliert diskutiert werden.

Anhand der bisherigen Erkenntnisse zur intrinsischen Degradation von OLEDs kann folgendes festgehalten werden:

Die intrinsische Degradation ist überwiegend chemischer Natur und somit auch materialspezifisch. Eine systematische Vorhersage der intrinsischen Stabilität der einzelnen Materialien ist jedoch bisher nicht möglich. Trotz dieser Erkenntnisse gibt es bestimmte Voraussetzungen, die für eine langzeitstabile OLED erfüllt sein müssen. Für OLEDs mit Triplett-Emittern gilt, dass eine hohe Quanteneffizienz in Kombination mit einer kurzen Triplett-Lebensdauer gegeben sein muss. Ebenfalls kann durch einen gezielten OLED-Aufbau versucht werden, die Rekombinationszone über einen breiteren Bereich auszudehnen. Die Ladungsträgerbalance in der OLED ist dabei von entscheidender Bedeutung.

3 Prozesstechnologie – Charakterisierung von Materialien und Bauelementen

Dieses Kapitel beinhaltet die Beschreibung aller verwendeter Prozessierungs- und Vermessungsmethoden für OLED-Bauelemente. Ebenfalls werden alle eingesetzten Verfahren zur Charakterisierung organischer Materialien detailliert vorgestellt.

3.1 Bauelementpräparation

3.1.1 Organische Molekularstrahldeposition – OMBD

Die organischen Bauelemente in dieser Arbeit werden alle über organische Molekularstrahldeposition (engl.: organic molecular beam deposition - OMBD) von kleinen Molekülen im UHV hergestellt. Der Prozessdruck bei der Abscheidung der organischen Materialien liegt dabei in einem Bereich zwischen 10^{-7} bis 10^{-8} mbar. Die erforderlichen Prozessdrücke werden durch eine Kombination von einer ölfreien Scrollvorpumpe und einer Turbomolekularpumpe erreicht. Diese niedrigen Drücke werden benötigt, um erstens eine ausreichend hohe Verdampfungsrate bei idealen Temperaturbedingungen zu erreichen und zweitens um Wechselwirkungen mit anderen organischen Molekülen oder mit Restgasmolekülen zu vermeiden. Die mittlere freie Weglänge der Moleküle im Rezipienten sollte dabei größer sein als der Abstand zwischen Effusionszelle und Substrat. Weiterhin verzögert ein möglichst geringer Prozessdruck die Kontamination der sich bildenden organischen Schichten mit Restgasmolekülen (Wasser, Sauerstoff). Es konnte für bestimmte Materialien gezeigt werden, dass ein zu hoher Anteil an Wasser in der Prozesskammer negative Auswirkungen auf die Luminanzlebensdauer der Bauelemente hat [78].

Die zu verdampfenden organischen Materialien werden in einen aus Quarzglas bestehenden Tiegel eingefüllt und in die Effusionszellen eingesetzt. Diese Effusionzellen sind mit einer Widerstandsheizung versehen, die es ermöglicht die Temperatur des Tiegels und seines Inhaltes über die zugeführte Wärmestrahlung zu steuern. Die Steuerung erfolgt dabei unter Verwendung einer Software, die zuvor am IHF entwickelt wurde. Zusätzlich ist jede Effusionszelle mit einem Thermoelement ausgestattet. Neben den organischen Materialien werden auch die anorganischen elektrischen Dotanten MoO_3 und Cs_2CO_3 prozessiert. Für diese anorganischen Materialien (bezogen von Sigma Aldrich) werden kommerziell erhältliche Molekularstrahlepitaxie Effusionszellen (Typ SFC, Createc) mit keramischen Tiegeln (Al_2O_3) genutzt. Insgesamt werden Depositionsraten zwischen 1 und 30 Å/min verwendet. Die präzise Kontrolle der Depositionsraten und der Schichtdicken wird anhand von mehreren kalibrierten Schwingquarz-Systemen innerhalb der Prozesskammer ermöglicht. Dotierkonzentrationen sind dabei in dieser Arbeit immer in Vol.-% angegeben, da sie über die bestimmten Schichtdickenverhältnisse erhalten werden.

Im UHV ist es möglich, organische Materialien bis zu einer molekularen Masse von etwa 1000 g/mol in einem Temperaturbereich von 70 - 350 °C zu prozessieren [79, 80] [3]. Materialien mit einem zu hohen Dampfdruck (meist sehr kleine Moleküle) könnten die Prozesskammer dauerhaft kontaminieren, da sie auch schon bei Raumtemperatur in kleinen Mengen in die Gasphase gelangen und somit auch während folgender Prozesse auf dem Substrat abgeschieden werden würden [81].

Die ersten Voruntersuchungen der am Institut entwickelten Emittermaterialien werden in einer neu aufgebauten Versuchsanlage durchgeführt. Die dabei verwendete Vakuumkammer ist mit vier Effusionszellen für organische Materialien ausgestattet. Zwischen der Abscheidung der organischen Schicht und dem Aufbringen der Metallisierung müssen die Substrate durch eine Stickstoffbox transportiert werden (Vakuumunterbrechung). Bis auf diese ersten OLED-Teststrukturen werden alle weiteren organischen Bauelemente in dieser Arbeit in der in Abbildung 3.1 schematisch dargestellten Cluster-Anlage ohne Vakuumunterbrechung gefertigt (genauere Beschreibung [27, 82, 83]).

In dieser Cluster-Anlage ist es generell möglich, Substrate bis zu einer Größe von ca. 75 x 75 mm zu prozessieren. Die verwendeten Substrattypen werden später kurz genauer beschrieben. Die zu prozessierenden Substrate können über die Schleuse, entweder direkt aus der Atmosphäre oder aus der Stickstoffbox, in die Vakuumanlage eingebracht werden. Über das Transfersystem werden die Substrate in alle vorhandenen Prozesskammern transportiert. Die Substrathalter werden während der Prozesse in der Mitte der Kammer auf dem dazugehörigen Substrathalteraufnehmer abgelegt. Für die Prozessierung werden die Substrate mit einem in alle Raumrichtungen verstellbaren Manipulator so positioniert, dass eine möglichst homogene Beschichtung ermöglicht wird (Rotation während der Beschichtung). Vor und nach den Einzelprozessen kann das Substrat mit einem Abschirmblech vor der Deposition weiterer

[3] Die maximale Prozesstemperatur ist immer abhängig von der Zersetzung des jeweiligen Materials und somit materialspezifisch.

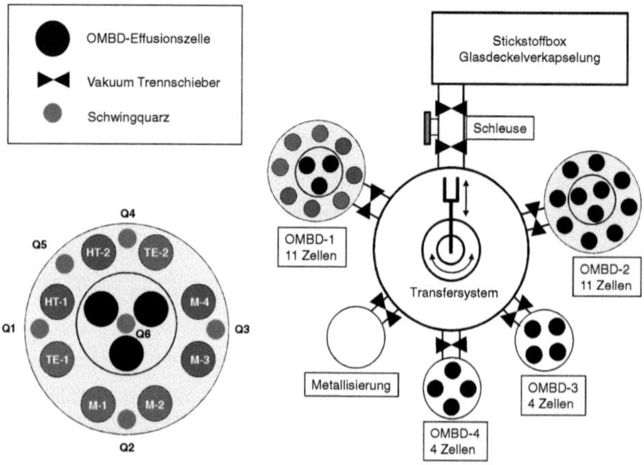

Abbildung 3.1: Schematische Darstellung der verwendeten Cluster-OMBD-Anlage. Vergrößerung der ausschließlich für die OLED-Prozessierung genutzten Vakuumkammer OMBD-1.

verdampfter Materialien geschützt werden. Zusätzlich sind alle Effusionszellen mit eigenen Abschirmblechen versehen. Alle auf dieser Anlage gefertigten Substrate werden innerhalb dieser Arbeit ausschließlich im Cluster OMBD-1 mit anschließender Metallisierung (ohne Vakuumunterbrechung) prozessiert.

Nach der Abscheidung des Aluminium-Deckkontaktes werden die Substrate in der Stickstoffbox verkapselt. Für die Glasdeckelverkapselung wird ein UV und thermisch härtender Kleber (Typ Threebond 3124B) und ein Absorber (engl.: getter, Dynic) verwendet, der in den Glasdeckel eingeklebt wird. Als Aushärtebedingungen wird eine UV-Bestrahlung (365 nm, Leistungsdichte 200 mW/cm^2, Panacol-Elosol UV-F1000) von 25 Minuten mit anschließender thermischer Härtung von 1,5 Stunden bei 65 °C gewählt.

Wie in der Vergrößerung in Abbildung 3.1 zu sehen ist, haben die Effusionszellen in Cluster OMBD-1 eine bestimmte Anordnung zueinander. Die Zellen für die anorganischen elektrischen Dotanten (HT-1 und HT-2) sind gegenüber ihrer zugehörigen Matrixmaterialien (M-3 und M-4) angeordnet. Zusätzlich sind die Zellen für die Emittermaterialien (TE-1 und TE-2) so zu deren verwendeten Matrixmaterialien angebracht, dass die Depositionsraten dieser Substanzen einzeln erfasst werden können und keine Kreuzkontamination auf den Schwingquarzen möglich ist. Die Position der Schwingquarze ist ebenfalls in der Vergrößerung des OMBD-1 Clusters angegeben. Eine Kalibrierung der Schwingquarze erfolgt für alle Effusionszellen mit den darin befindlichen Substanzen durch Schichtdickenbestimmung einer abgeschiedenen Testschicht (engl.: Tooling). Schichtdicken werden in dieser Arbeit optisch (Ellipsometer, SOPRA GESP) oder profilometrisch (DekTak 8, Veeco) ermittelt.

3.1.2 Substrate

Für die zuvor kurz beschriebenen Voruntersuchungen (OLED-Teststrukturen) wird ein IHF internes Substratlayout mit einer Größe von 17 x 17 mm und drei aktiven Flächen von jeweils 3,14 mm^2 verwendet. Die Strukturierung des mit ITO (Indium-Zinn-Oxid) beschichteten Glases (130 nm ITO, Merck) erfolgt mit einem Photolack vom Typ AZ 5214. Dieser Substrattyp eignet sich nicht für die Messung von Luminanzlebensdauern, da eine Verkapselung nicht möglich ist.

Der fast ausschließlich verwendete Substrattyp (Typ OEG 557 2185, 90 nm ITO auf Borolime Glas) wurde von der Firma Optrex zur Verfügung gestellt. Das Layout des Substrats ist in der folgenden Abbildung 3.2 (a) und (b) dargestellt.

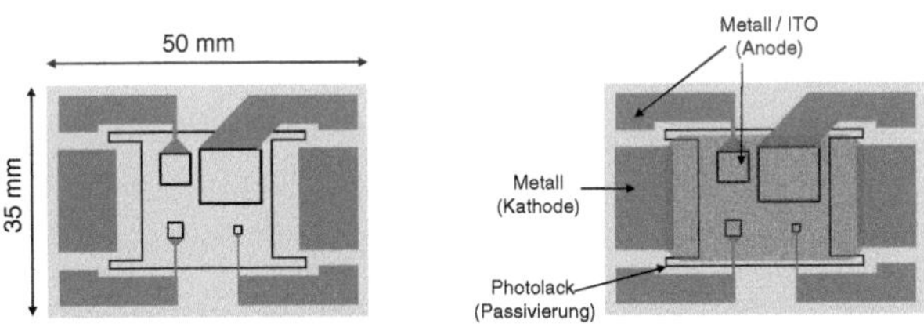

Abbildung 3.2: Darstellung des Substrattyps Optrex OEG 557 2185, (a) vor Prozessierung (b) nach Prozessierung mit metallischem Deckkontakt (angedeutet durch blaue schraffierte Fläche).

Mit diesem Substrattyp (35 x 50 mm) ist eine gleichzeitige Prozessierung von zwei Substraten in einem Prozessablauf möglich. Das Substrat verfügt über vier unterschiedlich große aktive Flächen mit den Größen von 79,63 mm^2, 19,89 mm^2, 4,96 mm^2 und 1,23 mm^2. Diese aktiven Flächen besitzen einen aus ITO bestehenden Bodenkontakt (Anode), der mit metallischen Zuleitungen versehen ist. Die Anode kann somit in den vier äußeren Ecken kontaktiert werden. Nach der Prozessierung der OLED wird ein metallischer Deckkontakt aufgebracht der, wie in Abbildung 3.2 (b) dargestellt, eine Verbindung zu den Mittelkontakten ausbildet. Bei dem verwendeten konventionellen OLED-Aufbau stellt der metallische Deckkontakt die

Kathode der organischen Bauelemente dar. Die Passivierung durch den Photolack verhindert dabei einen Kurzschluss zu den Anodenkontakten. Die Substrate werden geschnitten und vorgereinigt bezogen und in der Stickstoffbox dunkel gelagert. Für die Reinigung vor der Prozessierung wird eine spezielle Reinigungsprozedur genutzt. Die Substrate werden zu Beginn mit deionisiertem Wasser (DI-Wasser) abgespült und für zehn Minuten in eine Lösung aus 2 % Zitronensäure und 2 % Extran (Extran MA 02 neutral, Merck Chemicals) in DI-Wasser (50 °C) gegeben. Danach werden sie erneut mit DI-Wasser abgespült und für zehn Minuten bei 50 °C in reines DI-Wasser eingebracht. Anschließend werden die Substrate kurz mit Isopropanol abgespült und im Stickstoffstrom getrocknet. Die Substrate werden abschließend für fünfzehn Minuten im Ozonofen behandelt.

3.2 Charakterisierung von organischen Dünnfilmen und Bauelementen

3.2.1 Organische Dünnfilme

Rasterkraftmikroskopie

Die Rasterkraftmikroskopie (engl.: atomic force microscopy - AFM) ermöglicht als bildgebendes Verfahren eine direkte Charakterisierung der Oberfläche des organischen Dünnfilms. Über die Rauheit können Rückschlüsse auf die Amorphizität oder Kristallinität des organischen Dünnfilms gezogen werden. Es wird ein Rasterkraftmikroskop der Firma Danish Micro Engineering (Typ DualScope DS-45-40) genutzt. Für die Charakterisierung werden die organischen Materialien zu dünnen Filmen mit einer Schichtdicke zwischen 40 und 100 nm auf einer Siliziumscheibe abgeschieden.

Lichtmikroskop

Lichtmikroskopaufnahmen werden mit dem Mikroskop DM 4000 M (DFC 320 Farbkamera) der Firma Leica im Dunkelfeld-Modus durchgeführt.

3.2.2 Elektrooptische Charakterisierung von organischen Bauelementen

Elektrooptische Charakterisierungen an OLED-Strukturen werden unter Atmosphärenbedingungen unter Verwendung einer kalibrierten Silizium Photodiode, synchronisiert mit einer Stromspannungsquelle und Messeinheit (Keithley 2400), durchgeführt. Die Kalibrierung der Photodiode erfolgt dabei mit einem Luminanzmeter (Minolta LS-110). Für die Aufnahme der Elektrolumineszenzspektren wird ein Spektrophotometer TEC 5 MMS UV-Vis verwendet. Die Kenngrößen der jeweiligen OLED-Strukturen wie Effizienz oder Farbeindruck werden dabei

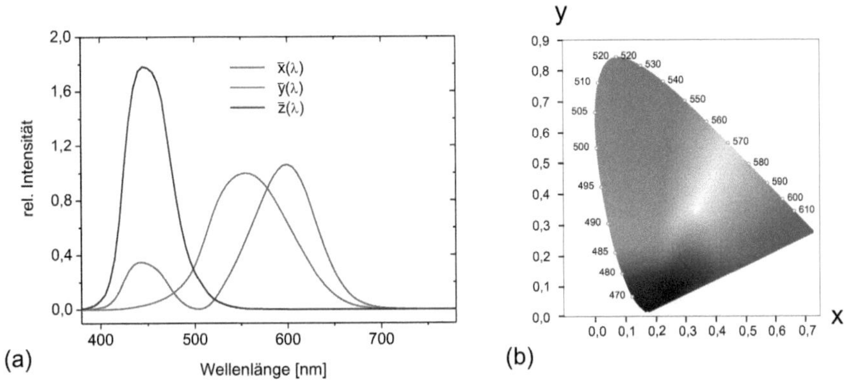

Abbildung 3.3: (a) Tristimulus-Normkurven CIE 1931 für den Standard 2° Betrachter; die Normkurve $\bar{y}(\lambda)$ entspricht dabei der Augenempfindlichkeitskurve $V(\lambda)$. (b) x – y Ebene des CIE 1931 Chromatizitätsdiagramms.

angepasst an die empirisch ermittelte Hellempfindlichkeitskurve $V(\lambda)$ des menschlichen Auges und an das Farbempfinden der drei im Auge befindlichen Farbrezeptoren angegeben. Die Hellempfindlichkeitskurve und die Tristimulus-Kurven werden dafür von der CIE (Commision Internationale l'Éclairage) definiert [4].

Unter Berücksichtigung einer Lambertschen Abstrahlungscharakteristik können die Stromeffizienz η_I [cd/A] (photometrischer Wirkungsgrad) und die Leistungseffizienz η_P [lm/W] (Leistungswirkungsgrad) direkt aus der Luminanz L, der Spannung V und der Stromdichte J berechnet werden:

$$\eta_I = \frac{L}{J} \qquad \eta_P = \frac{\pi L}{VJ}. \tag{3.1}$$

Für die Charakterisierung des oben beschriebenen Farbeindrucks wird in dieser Arbeit der CIE-Standard von 1931 für den 2° Standardbetrachter verwendet. Die dafür relevanten Standard Tristimulus-Kurven sind zusammen mit dem dazugehörigen Chromatizitätsdiagramm in Abbildung 3.3 dargestellt.

Die Einzelvalenzen X, Y und Z der drei Tristimulus-Kurven können direkt aus jedem Spektrum berechnet werden:

$$X = \int_{380\,nm}^{780\,nm} I(\lambda)\bar{x}(\lambda)d\lambda, \qquad Y = \int_{380\,nm}^{780\,nm} I(\lambda)\bar{y}(\lambda)d\lambda, \qquad Z = \int_{380\,nm}^{780\,nm} I(\lambda)\bar{z}(\lambda)d\lambda. \tag{3.2}$$

[4] Normkurven können unter http://www.cie.co.at/ erhalten werden.

Aus den drei Einzelvalenzen können die drei Chromatizitätskoordinaten x, y und z bestimmt werden:

$$x = X/(X+Y+Z), \qquad y = Y/(X+Y+Z), \qquad z = Z/(X+Y+Z). \tag{3.3}$$

Es gilt:

$$1 = x + y + z. \tag{3.4}$$

Diese Chromatizitätskoordinaten werden häufig in dem in Abbildung 3.3 (b) dargestellten Chromatizitätsdiagramm wiedergegeben. In dieser zweidimensionalen Darstellung sind lediglich die x- und die y-Komponente dargestellt. Der von der z-Komponente aufgespannte dreidimensionale Farbraum wird häufig nicht veranschaulicht. Für den speziellen Fall der orange-rot emittierenden Emittermaterialien gilt, dass ihre z-Komponente nahezu null beträgt, wenn kein Emissionsanteil unterhalb von etwa 550 nm vorhanden ist.

3.2.3 Bauelementdegradation

Alle Degradationsuntersuchungen an OLED-Bauelementen im Betrieb werden mit einem kommerziell erhältlichen Lebensdauermessplatz der Firma Botest durchgeführt. Die Degradationsuntersuchungen an Bauelementen gliedern sich in zwei unterschiedliche Untersuchungsansätze. Zum Test einzelner Materialien, Materialkombinationen oder auch von mehrschichtiger Strukturen werden Bauelemente über einen langen Zeitraum bei Stromdichten von 400 mA/cm^2 betrieben. Die Bauteilarchitektur wird dafür so gewählt, dass nahezu nur eine Ladungsträgerart in das Bauteil injiziert und transportiert werden kann (engl.: hole-only oder electron-only Bauelemente). Durch die hohen Stromdichten und Belastungen mit nur einer Ladungsträgerart kann die intrinsische Stabilität, der zu untersuchenden Struktur und insbesondere der Materialien, gegenüber der jeweiligen Ladungsträgerart untersucht werden [84]. Zusätzlich zu den hohen Stromdichten werden diese Untersuchungen bei Temperaturen von 70 °C und 85 °C durchgeführt.

Als Standardprozedur für die Bestimmung der Luminanzdegradation wird die t_{80}-Luminanzlebensdauer (Abfall auf 80 % der maximalen Luminanz) und t_{50} (Abfall auf 50 % der maximalen Luminanz) bei einer Startleuchtdichte von 1 000 cd/m^2 und einem Betrieb bei konstantem Strom und Raumtemperatur bestimmt. Der gewählte Messzeitraum beträgt für alle Luminanzdegradationsuntersuchungen 1 000 Stunden. Eine Normierung der Kurvenverläufe erfolgt immer auf die maximale und nicht die anfängliche Leuchtdichte, da einige Bauelemente zu Beginn der Messung in den Luminanzwerten noch etwas ansteigen. Dieser Luminanzanstieg beträgt dabei maximal 10 % der Startleuchtdichte. Alle Messungen werden mit verkapselten

Substraten an Atmosphäre durchgeführt. Mehrfache Messungen bei verschiedenen Anfangshelligkeiten werden immer nacheinander und mit demselben Substrat durchgeführt. Eine parallele Messung verschiedener Startleuchtdichten ist nicht möglich. Durch die nacheinander geschalteten Messungen auf nur einem Substrat werden bei dem Substrattyp OEG 557 2185 die Messungen mit unterschiedlich großen aktiven Flächen durchgeführt. Es wird in dieser Arbeit davon ausgegangen, dass die Größe der aktiven Fläche keine Auswirkungen auf die Luminanzlebensdauer hat. Es werden ebenfalls Messungen bei erhöhten Betriebstemperaturen durchgeführt.

Dabei ist es wichtig zu beachten, dass alle durchgeführten Messungen keiner übergeordneten Statistik unterliegen, sondern immer nur einmalige Einzelmessungen darstellen. Somit können beispielsweise auch extrinsische Degradationsfaktoren (Überlagerung der Verkapselungsgüte) bei Messungen über einen so ausgedehnten Zeitraum die Ergebnisse verfälschen. Bei allen vermessenen Bauelementen wird keine Voralterung (engl.: pre-aging) zur Steigerung der Luminanzlebensdauer genutzt.

Da bei vielen Messungen in dieser Arbeit die Luminanzdegradation sehr gering ist, müssen für die Ermittlung der t_{80}- und der t_{50}-Luminanzlebensdauern mathematische Extrapolationen eingesetzt werden. Für diese mathematische Extrapolation der Messdaten nach 1 000 Stunden wird eine gestreckte Exponentialfunktion (streched exponetial decay - SED) genutzt. Diese Funktion wurde von Féry *et al.* beschrieben und in der Literatur fast ausschließlich für die Extrapolation der Luminanzdegradation von OLEDs verwendet [67]. Der physikalische Hintergrund für die Korrelation der Messdaten zu dieser Funktion wurde in der fortlaufenden Abnahme der strahlenden Zentren begründet. Der zeitliche Luminanzabfall ist nach der SED-Funktion gegeben durch:

$$\frac{L}{L_0} = e^{\left[-\left(\frac{t}{\tau}\right)^{\beta}\right]}, \tag{3.5}$$

wobei der zusätzliche Parameter β den anfänglichen Luminanzabfall beschreibt. Für eine realistische Extrapolation der Luminanzlebensdauern unter Verwendung der SED-Funktion wurde in vorangegangen Arbeiten gefunden, dass mindestens ein 20 %iger Luminanzabfall der realen Messdaten nötig ist [85]. Aus diesem Grund sind, wie später auch noch mehrfach beschrieben, die extrapolierten t_{50}-Luminanzlebensdauern einiger Messungen nur als Tendenz zu sehen. Extrapolierte Absolutwerte können sich somit, für geringe Degradationsfortschritte, stark von den realen Werten unterscheiden. Eine bessere Abschätzung kann nur durch die Messung bei unterschiedlichen Startleuchtdichten erhalten werden. Durch die Verwendung der SED-Funktion werden die t_{50}-Luminanzlebensdauern bei gering vorangeschrittenem Luminanzabfall häufig überschätzt. Die immer zusätzlich angegebenen t_{80}-Luminanzlebensdauern bieten dabei in vielen Fällen eine realistischere Extrapolation und Vergleichbarkeit.

3.3 Charakterisierung von organischen Materialien

3.3.1 Photolumineszenz

Untersuchungen der stationären Photolumineszenz (PL) werden sowohl in Lösung als auch im organischen Dünnfilm durchgeführt. PL-Charakteristiken werden mittels eines Spektrophotometers SF-25 (Kontron, PL – Konzentration etwa 1×10^{-6} M) in Lösung bestimmt. Für die Bestimmung der stationären Photolumineszenz im organischen Dünnfilm wird ein Helium-Cadmium-Laser der Firma KIMMON mit einer Anregungswellenlänge von $\lambda = 325$ nm und einer Leistungsdichte von 120 mW/cm^2 eingesetzt. Die zu untersuchenden Emittermaterialien werden dazu per Molekularstrahldeposition in definierter Konzentration, zusammen mit dem jeweiligen Matrixmaterial, auf einer Siliziumscheibe abgeschieden. Es wird hierbei eine Gesamtschichtdicke von 100 nm gewählt. Die zu untersuchenden Proben werden in einer Ultrahochvakuumkammer untersucht.

3.3.2 Kinetik der Triplett-Zustände

Die Bestimmung der dynamischen Photolumineszenz bzw. Triplett-Lebensdauer wird in Lösung durchgeführt. Die Untersuchung der Triplett-Emitter erfolgt in mit Stickstoff gesättigtem Toluol. Das Lösemittel wird zuvor zusätzlich mittels drei *freeze-pump-thaw* Zyklen entgast [86]. Die Emitterkonzentration wird auf 1 x 10^{-6} mol/l eingestellt. Für die Messungen in Lösung wird $Ir(piq)_3$ (Tris(1-phenylisochinolin)iridium(III)) als Referenzsubstanz, mit einer in der Literatur bekannten Triplett-Lebensdauer von 1,2 µs, verwendet [87].

Die eigentliche Messung erfolgt mit einer Streak-Kamera (Typ C 4334, Hamamatsu), die es ermöglicht, den zeitlichen Verlauf der Emission wellenlängenspezifisch aufzulösen. Die Proben werden dabei mit einem kurzen Laserpulses von 300 ns, bei einer Wiederholungsrate von 2 kHz und einer Anregungswellenlänge von 355 nm (dritte harmonische Generation $Nd{:}YVO_4$) angeregt. Die emittierte phosphoreszente Strahlung wird mit einer Sammellinse über eine Glasfaser in den Detektor der Streak-Kamera eingekoppelt. Die Untersuchungen der Emittermaterialien werden in einem spektralen Bereich zwischen 500 und 750 nm und in einem zeitlichen Intervall von 10 µs durchgeführt. Für die Auswertung wird die zeitlich abklingende Emission mathematisch über einen exponentiellen Zerfall erster Ordnung beschrieben.

3.3.3 Degradationsanalytik

Es werden gezielte Stabilitätsuntersuchungen insbesondere der neuen Emittermaterialien der Chinoxalin-Iridiumkomplexe und der neuartigen Elektronentransportmaterialien durchgeführt.

Gezielte Untersuchungen werden eingesetzt, um die stark unterschiedlichen intrinsischen Stabilitäten innerhalb der verwendeten Materialklassen aufzuklären.

Für kalorimetrische Untersuchungen an den Triplett-Emittern (engl.: differential scanning calorimetry - DSC) wird das Gerät DSC 1 der Firma Mettler Toledo genutzt. Für die Vermessung werden Substanzmengen zwischen 3 – 6 mg eingewogen. Als Prozedur werden jeweils zwei Heizzyklen mit einer Heizrate von 10 K/min und einem Stickstofffluss von 50 ml/min verwendet. Um die thermische Zersetzung beurteilen zu können, werden alle Emittermaterialien bis zu einer maximalen Temperatur von 500 °C erhitzt. Materialspezifische Daten sind im Anhang in der Materialdatenbank zusammengefasst.

Die kalorimetrischen Untersuchungen an den Phenanthrolin-Elektronentransportmaterialien werden in Zusammenarbeit mit dem Institut für Füge und Schweißtechnik der Technischen Universität Braunschweig durchgeführt. Hierbei wird das Gerät DSC 822e der Firma Mettler Toledo genutzt. Für die Vermessung werden Substanzmengen zwischen 2 – 5 mg eingewogen. Als Prozedur werden hier ebenfalls zwei Heizzyklen mit einer Heizrate von 10 K/min (Starttemperatur 0 °C) und einem Stickstofffluss von 50 ml/min verwendet.

Temperaturdauertests organischer Materialien werden eingesetzt, um mögliche Degradationspfade der einzelnen Triplett-Emitter während der Prozessierung oder auch in der OLED zu bewerten. Die neuen Emittermaterialien IHF-TE-14, IHF-TE-15 und IHF-TE-17 werden dazu unter Vakuum in Quarzglasampullen eingebracht und über einen Zeitraum von 120 Stunden bei 200, 250 und 300 °C temperiert.

Die qualitative und quantitative Analytik der thermisch belasteten Proben wird mittels HPLC-Chromatographie durchgeführt. Das verwendete HPLC-System besteht aus einer Entgasereinheit, einer Pumpeneinheit (Knauer Wellchrom K-1001 / solvent organizer K-1500) und einem smartline DAD (Diodenarray-Detektor) 2800 UV Detektor. Die Messungen werden alle bei 20 °C und einem isokratischen Fließmittelsystem (Acetonitril:Wasser 85/15) auf einer Säule vom Typ Eurosphere II 100-5 C18-H (250 x 3 mm mit Vorsäule) durchgeführt.

Bestimmte Substanzen werden fraktioniert und gezielt mittels Elektrospray-Ionisations-Massenspektrometrie (engl.: electrospray ionisation mass spectrometry - ESI-MS) charakterisiert. Massenspektrometrische Untersuchungen werden in Zusammenarbeit mit dem Institut für Pharmazeutische Biologie der Technischen Universität Braunschweig durchgeführt. Verwendet wird dafür das System 3200 Q trap MS/MS, Turbo V ESI and APCI der Firma Applied Biosystems. Die Messungen werden im ESI-Positiv Modus in einem Massenbereich zwischen 200 und 1 000 amu (engl.: *atomic mass unit*) durchgeführt. Es kommen in den Untersuchungen zwei unterschiedliche Scantypen zum Einsatz. Im Enhanced-MS-Modus (EMS) werden die ursprünglichen Ionen in einer Quadrupol-Einheit gesammelt und anschließend analysiert. Im

Enhanced-Product-Ion-Modus (EPI) werden aus einem selektierten ursprünglichen Ion neue Produktionen erzeugt. Diese geschieht durch gezielte Kollisionen der Ursprungsionen mit weitere Gasteilchen. Als Folge werden dabei Fragmentierungsprodukte der selektierten Ionen erhalten.

3.3.4 Elektrochemische Charakterisierung

Wie bereits im Abschnitt 2.1.2 kurz erwähnt, werden die in dieser Arbeit verwendeten Materialien und insbesondere alle neuen Materialien elektrochemisch charakterisiert. Über gezielte elektrochemische Oxidation und Reduktion werden die energetischen Lagen der Grenzorbitale (HOMOs und LUMOs) in Lösung ermittelt. Für die elektrochemische Charakterisierung wird ein Potentiostat μAutolab Type III (Metrohm) genutzt. Dieser Potentiostat ist ausgestattet mit einer Platin-Scheibe (1 mm) als Arbeitselektrode, einer aus einem Platindraht bestehenden Gegenelektrode und einer Ag/AgCl Referenzelektrode.

Zyklovoltammetriemessungen (engl.: cyclovoltammetry - CV) werden in trockenem Dichlormethan im Messbereich zwischen -2,2 V und +2,0 V, referenziert auf eine Ag/AgCl-Elektrode, mit einer Vorschubspannung von 100 mV/s durchgeführt und nur für die Überprüfung der Reversibilität der Redoxreaktionen herangezogen. Die materialspezifischen Oxidations- und Reduktionspotentiale werden über Differenzielle Puls Voltammetrie (engl.: differential pulse voltammetry - DPV) in einem Messbereich zwischen -2,8 V und +1,8 V in trockenem Dimethylformamid ermittelt. Hier wird eine Modulationszeit von 0,05 s bei einer Intervallzeit von 0,5 s und ein Schrittpotential von 0,01 V bei einer Modulationsamplitude von 0,02 V verwendet. Die DPV-Methode bietet gegenüber der einfachen Zyklovoltammetrie den Vorteil, dass die Signale über einen größeren Spannungsbereich sehr sensitiv aufgelöst werden. Die Konzentration des Analyten wird auf 0,1 mM eingestellt. Der Analyt wird dafür in eine 0,1 M Lösung von Bu_4NPF_6 im jeweiligen Lösemittel gelöst. Alle Ergebnisse der materialspezifischen Redoxpotentiale sind in dieser Arbeit immer gegen den Standard Ferrocen bzw. das Redoxpaar $Cp_2Fe \rightarrow Cp_2Fe^+$ referenziert.

Die Abschätzung der HOMO-Niveaus der Materialien gelingt über die folgende Beziehung [30, 88]:

$$HOMO = -4,8\,eV - E^{ox}. \tag{3.6}$$

Der Wert von −4,8 eV entspricht dabei dem energetischen Niveau des $Cp_2Fe \rightarrow Cp_2Fe^+$ Redoxpaares relativ zum Vakuumlevel. Auf der Basis der ermittelten energetischen Lage des HOMOs kann ebenfalls eine Abschätzung des LUMOs erfolgen. Eine Berechnung ist über folgende Beziehungen möglich [89–91]:

$$LUMO_{opt} = HOMO + \Delta E_{opt} \qquad und \qquad LUMO_{DPV} = HOMO + \Delta E_{DPV}. \tag{3.7}$$

ΔE_{opt} wird durch Bestimmung der längstwelligen Absorptionskante aus den materialspezifischen Absorptionsmessungen erhalten. Absorptionscharakteristiken werden mittels der Absorptionsmessgeräte Lambda 9 UV/Vis/NIR (Perkin Elmer) und Cary 100 Bio (Varian) bestimmt (Konzentration UV/Vis etwa 2 x 10^{-5} M). ΔE_{DPV} wird aus dem energetischen Unterschied des ersten Oxidationspotentials E^{ox} und des ersten Reduktionspotentials E^{red1} erhalten. Im Falle von Singulett-Systemen gilt in etwa $\Delta E_{opt} = \Delta E_{DPV}$. Bei Triplett-Emittern kann die energetische Lage des Triplett-Niveaus nicht über die Reduktion bestimmt werden. Es wird die energetische Lage eines höher liegenden Transportniveaus (Singulett-Zustand) erhalten. Somit gilt für Triplett-Emittersysteme immer $\Delta E_{opt} < \Delta E_{DPV}$.

3.3.5 Quantenmechanische Berechnungen

Quantenmechanische Berechnungen werden in Zusammenarbeit mit der Arbeitsgruppe für Theoretische Chemie an der Technischen Universität Braunschweig durchgeführt. Die Iridiumkomplexe werden mit theoretischen Methoden geometrieoptimiert und die HOMO und LUMO Grenzorbitale mit dem Programm vmd [92] dargestellt. Zur Berechnung wird das Programm Turbomole [93] benutzt. Es wird die Dichtefunktionaltheorie (DFT) mit dem PBE Funktional [94] und dem triple-ζ-Basissatz def-TZVP [95] angewendet. Für das Iridium-Atom wird zusätzlich ein effektives Kernpotential (ECP) angewendet. Es wird die *resolution of identity* Näherung genutzt.

4 Neue Materialkonzepte und deren Charakterisierung

In diesem Kapitel werden die in dieser Arbeit verwendeten neuartigen Materialkonzepte mit deren physikalischen Eigenschaften vorgestellt. Diese Konzepte beinhalten eine neue Klasse von Chinoxalin-Iridiumkomplexen (Triplett-Emitter), welche zuvor von meinem Kollegen Herrn Dr. Sven Ammermann synthetisiert wurden [96]. Alle in dieser Arbeit untersuchten neuartigen Triplett-Emitter wurden ausschließlich am IHF synthetisiert. Es werden die eingesetzten spektroskopischen, elektrochemischen und quantenmechanischen Methoden zur Charakterisierung von OLED-Materialien vorgestellt. Weiterhin werden Elektronentransportmaterialien auf Basis neuartiger Phenanthroline vorgestellt und die Optimierung der morphologischen Stabilität innerhalb dieser Materialklasse diskutiert.

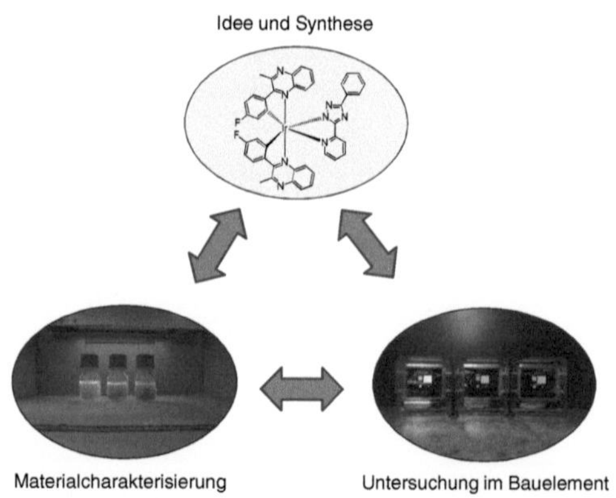

Abbildung 4.1: Schematische Darstellung des Konzepts der Materialentwicklung: Enges Zusammenspiel zwischen *Idee und Synthese* – *Materialcharakterisierung* – und *Untersuchung im Bauelement.*

Das Konzept der in dieser Arbeit durchgeführten Materialentwicklungen ist in Abbildung 4.1 dargestellt. Die sehr direkte Verknüpfung zwischen Materialentwicklung und Charakterisierung resultiert aus den gezielten Arbeiten innerhalb des BMBF-Forschungsprojektes „CARO".

Diese Abbildung soll die enge Zusammenarbeit zwischen *Idee und Synthese*, der grundlegenden physikalischen *Materialcharakterisierung* und der *Untersuchung im Bauelement* beschreiben. Auf diese Weise sollte es nicht nur möglich sein, eine umfassende Charakterisierung der neuen Materialien durchzuführen, sondern auch gezielte Informationen über die intrinsischen Stabilitäten der einzelnen Materialien zu gewinnen, die im Idealfall wieder in die Syntheseplanung einfließen können. Wie später noch detailliert beschrieben wird, konnten durch diese enge Verknüpfung Konzepte für Matrix- und Elektronentransportschichten entwickelt werden, die es ermöglichten, die intrinsische Degradation in der gesamten OLED zu limitieren und somit die Luminanzlebensdauer um ein Vielfaches zu steigern.

4.1 Triplett-Emitter basierend auf Chinoxalin-Iridiumkomplexen

Triplett-Emitter basierend auf neutralen oktaedrischen *5d*^{6} Komplexen mit (C^N) farbgebenden Liganden wurden in den vergangenen zehn Jahren sehr intensiv erforscht. Für den orange-roten Emissionsbereich wurde eine Vielzahl von Iridiumkomplexen in der Literatur beschrieben. Heterozyklen wie Chinoline/Isochinoline [8,11,12], Chinazoline [97] und Chinoxaline [13,91,98,99] wurden dabei als farbgebende Liganden genutzt. Dabei konnten insbesondere mit dem Iridiumkomplex Ir(piq)$_3$ (Isochinolin) stabile OLED-Bauelemente mit sehr langen Luminanzlebensdauern erhalten werden [85]. Dieser langzeitstabile Iridiumkomplex wurde daher in dieser Arbeit als Referenzmaterial genutzt.

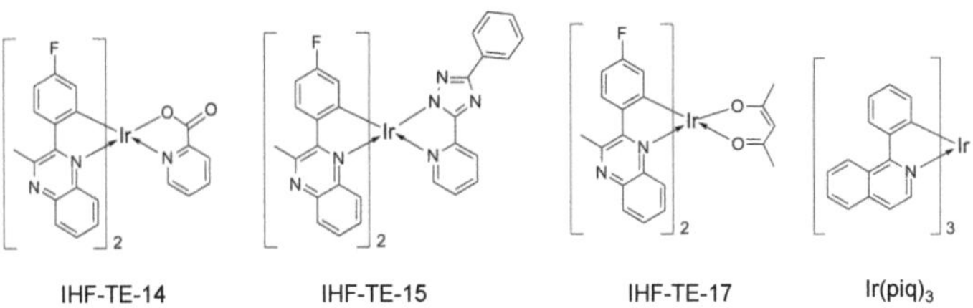

Abbildung 4.2: Orange-rote Emittermaterialien: IHF-TE-14, IHF-TE-15 und IHF-TE-17 – neue Materialklasse der Fluorphenyl-methyl-chinoxalin-Iridiumkomplexe mit unterschiedlichen Sättigungsliganden; Ir(piq)$_3$ Referenzmaterial.

In der Abbildung 4.2 sind drei neue Iridiumkomplexe der entwickelten Materialklasse der Fluorphenyl-methyl-chinoxalin-Iridiumkomplexe zusammen mit dem Referenzmaterial Ir(piq)$_3$ dargestellt. Zur Vereinfachung der Benennung werden diese Komplexe folgend mit den IHF internen Kurznamen IHF-TE(Triplett-Emitter)-X(Substanznummer) bezeichnet.

Die Synthesen zu den jeweiligen resultierenden Komplexen sind in den Referenzen [89, 96] beschrieben. Alle in dieser Arbeit am IHF synthetisierten organischen Materialien wurden chemisch bis zu einer Reinheit größer 99 % (HPLC) aufgereinigt. Es erfolgte keine Sublimation der Materialien. Die dargestellten Chinoxalin-Iridiumkomplexe unterscheiden sich dabei nicht in ihren farbgebenden Liganden. Der Unterschied liegt nur in den verwendeten Sättigungsliganden der resultierenden heteroleptischen Komplexe (IHF-TE-14: picolinat; IHF-TE-15: triazolat; IHF-TE-17: acetylacetonat). Die vollständigen chemischen Bezeichnungen aller Materialien sind im Anhang (Materialdatenbank) zusammengestellt.

Die wichtigsten Untersuchungen dieser neuen Emittermaterialien, wie Absorptions- und Emissionscharakteristiken, elektrochemische (und quantenmechanische) Charakterisierungen und Bestimmungen der Triplett-Lebensdauern sollen exemplarisch für alle weiteren verwendeten organischen Materialien diskutiert werden. Für Matrix- und Ladungstransportmaterialien wurden keine Emissionsmessungen, quantenmechanische Berechnungen und Bestimmungen der Lebensdauern angeregter Zustände durchgeführt.

4.2 Charakterisierung am Beispiel der Chinoxalin-Iridiumkomplexe

4.2.1 Absorptions- und Emissionscharakteristiken

Die Absorptionsmessungen und die Photolumineszenz-Spektren (PL-Spektren) der neuen Emittermaterialien IHF-TE-14, IHF-TE-15 und IHF-TE-17 sind in der folgenden Abbildung 4.3 dargestellt. Aus diesen spektroskopischen Ergebnissen können direkt Informationen über die Eigenschaften der Triplett-Zustände erhalten werden, aus denen die resultierende phosphoreszente Emission erfolgt. Wie bereits in Kapitel 2.2.4 beschrieben, kann die Triplett-Emission von Iridiumkomplexen entweder zu einem großen Teil ligandenbasiert (^{3}LC) sein oder aber einen starken metallzentrierten Charakter haben (^{3}MLCT). Quantenmechanische Berechnungen haben ergeben, dass der Anteil der Elektronendichte der $5d$-Elektronen des Iridiumzentrums im HOMO sehr effizienter Iridiumkomplexe bis zu 50 % betragen kann [100]. Durch die starke Vermischung der Elektronendichten von Metallzentrum und Ligand resultieren starke Spin-Bahn-Wechselwirkungen, die zu einer effizienten Emission und zu einer kurzen Triplett-Lebensdauer führen. In der Vergrößerung der Absorptionsmessungen in Abbildung 4.3 (b) sind die langwelligen Absorptionen ^{1}MLCT und ^{3}MLCT hervorgehoben. Trotz des spinverbotenen direkten optischen Übergangs aus dem Grundzustand in das ^{3}MLCT-Niveau der Emitter, sind deutliche Absorptionsschultern mit Extinktionskoeffizienten von etwa 600–700 / (M cm) in einem Wellenlängenbereich zwischen 580 und 590 nm zu erkennen. Diese vorhandenen ^{3}MLCT-Absorptionen weisen zusammen mit den geringen *Stokes shifts*

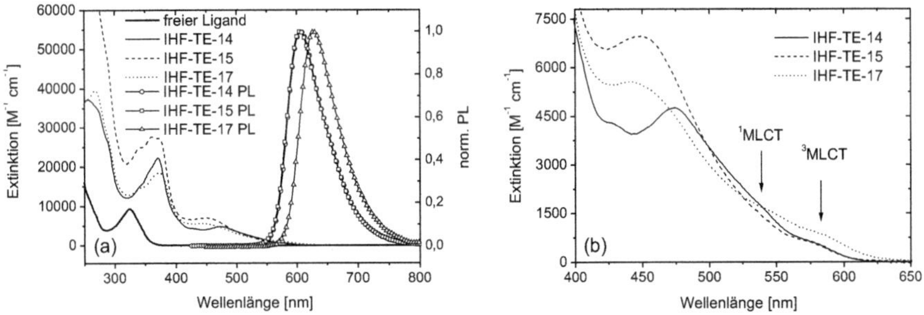

Abbildung 4.3: (a) UV-Vis Absorptions- (CH_2Cl_2) und PL-Spektren (CH_2Cl_2) der Triplett-Emitter IHF-TE-14, IHF-TE-15, IHF-TE-17 und des freien farbgebenden Liganden (nur Absorption). (b) Vergrößerung der Absorptionsspektren im Bereich zwischen 400 und 650 nm [89, 96].

(zwischen 26 und 36 nm für die drei hier betrachteten Emitter) zwischen Absorptions- und Emissionsmaximum weiterhin auf einen starken ^{3}MLCT-Charakter des angeregten Zustands hin.

Die Emissionsmaxima λ_{max} und die Halbwertsbreiten FWHM (engl.: full width at half maximum) der neuen Emittersysteme wurden in Lösung zu: IHF-TE-14 λ_{max} = 606 nm / 72 nm; IHF-TE-15 λ_{max} = 605 nm / 73 nm und IHF-TE-17 λ_{max} = 628 nm / 73 nm bestimmt. Diese schmalbandige, nicht von ausgeprägten Schwingungszuständen überlagerte Emission (siehe Kapitel 2.2.4) unterstützt zusätzlich die Vermutung, dass die phosphoreszente Emission in den vorgestellten Chinoxalin-Iridiumkomplexen einen vorwiegend ^{3}MLCT-Charakter aufweist.

4.2.2 Elektrochemische und quantenmechanische Charakterisierung

Aus den spektroskopischen Daten konnten, wie im vorherigen Abschnitt beschrieben, schon viele wichtige Informationen über die physikalischen Eigenschaften des Ursprungs der Phosphoreszenz der neuen Emitterklasse gewonnen werden. Anhand der elektrochemischen Charakterisierung wurden die energetischen Lagen der Grenzorbitale relativ zum Vakuumlevel bestimmt. Die elektrochemischen Messungen in Lösung stellen, wie bereits in Abschnitt 2.1.2 näher ausgeführt, eine gute Alternative zu den spektroskopischen Methoden wie UPS und IPES dar. In der folgenden Abbildung 4.4 sind die Auswertungen der elektrochemischen Messungen (DPV, CV) an dem Beispiel des Triplett-Emitters IHF-TE-15 abgebildet.

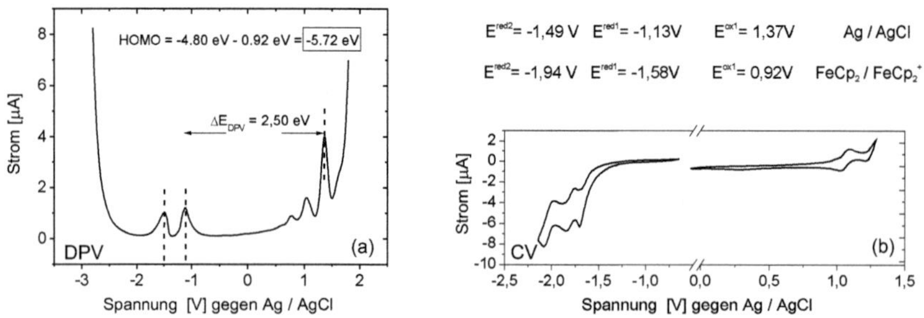

Abbildung 4.4: (a) DPV-Messung von IHF-TE-15 im Messbereich zwischen -2,8 V bis 1,8 V mit vollständiger Auswertung und (b) dazugehöriger CV-Messung im Messbereich zwischen -2,2 V bis 1,3 V.

Im oxidativen Bereich ist eine deutliche Oxidation E^{ox1} des Iridiumkomplexes bei +1,37 V relativ zur Referenzelektrode Ag/AgCl zu erkennen. Zwei weitere kleine oxidative Spitzen sind bei einem relativen Potential von etwa +1 V zu sehen. Diese werden auf Verunreinigungen auf der Elektrode oder in Lösung zurückgeführt. In Kombination mit der CV-Methode wurde die vollständig reversible erste Oxidation des Iridiumkomplexes IHF-TE-15 zu $E_{ox1} = +1{,}37$ V bestimmt. Die reduktiven Stufen liegen in der DPV-Messung bei $E^{red1} = -1{,}13$ V und $E^{red2} = -1{,}49$ V relativ zur Ag/AgCl Referenzelektrode. Für den Referenzstandard Ferrocen wurde das Oxidationspotential des Redoxpaares ($FeCp_2$ / $FeCp_2^+$) zu +0,45 V bestimmt. Referenziert auf den Messstandard des Redoxpaares $FeCp_2$ / $FeCp_2^+$ ergaben sich folgende relative Oxidations- und Reduktionspotentiale für IHF-TE-15 (siehe auch Abbildung 4.4):

$$E^{red2} = -1{,}94\,\text{V} \qquad E^{red1} = -1{,}58\,\text{V} \qquad E^{ox1} = 0{,}92\,\text{V}\,.$$

Aus diesen relativen Oxidations- und Reduktionspotentialen konnte über die Beziehung HOMO = -4,80 eV - E^{ox1} (siehe Abschnitt 3.3.4) die energetische Lage des HOMO-Niveaus relativ zum Vakuumlevel abgeschätzt werden. Nach Ermittlung der optischen Bandlücke ΔE_{opt} aus der längstwelligen Absorptionskante (^{3}MLCT-Absorption) konnte das Triplett-Niveau und somit das LUMO des Emitters aus der Beziehung $\text{LUMO}_{opt} = \text{HOMO} + \Delta E_{opt}$ abgeschätzt werden. Für die energetischen Lagen der HOMO- und LUMO_{opt}-Niveaus von IHF-TE-15 wurden folgende Werte erhalten:

$$\text{HOMO} = -5{,}72\,\text{eV} \qquad \text{LUMO}_{opt} = -3{,}68\,\text{eV}\,.$$

Um die Vergleichbarkeit der Messungen mit Werten aus der Literatur zu überprüfen, wurden die kommerziellen Triplett-Emitter $Ir(ppy)_3$ und $Ir(piq)_3$ als Referenzmaterialien

Tabelle 4.1: Elektrochemische Eigenschaften aller in dieser Arbeit verwendeter Triplett-Emitter.

Komplex	E^{ox} [V][a]	$E^{red\,1,2}$ [V][a]	HOMO [eV][b]	$LUMO_{opt}$ [eV][c]	ΔE_{opt} [eV][d]	ΔE_{DPV} [eV][e]
IHF-TE-14	0,87	-1,63, -1,90	-5,67	-3,63	2,04	2,50
IHF-TE-15	0,92	-1,58, -1,94	-5,72	-3,68	2,04	2,50
IHF-TE-17	0,74	-1,72, -2,05	-5,54	-3,57	1,97	2,47
IHF-TE-18	0,89	-1,60	-5,69	-3,67	2,02	2,49
IHF-TE-19	0,95	-2,18	-5,75	-3,49	2,26	3,12
$Ir(piq)_3$	0,27	-2,23, -2,48	-5,07	-3,06	2,01	2,55

[a] Potentiale aus DPV-Messungen gegen $FeCp_2/FeCp_2^+$; [b] berechnet aus HOMO = -4,8 eV - E^{ox}; [c] berechnet aus $LUMO_{opt}$ = HOMO + ΔE_{opt}; [d] ermittelt aus längstwelliger Absorptionskante; [e] DPV-Bandabstand berechnet aus E^{ox}-E^{red1}.

untersucht [31]. Für das HOMO-Niveau ergab sich für $Ir(ppy)_3$ ein Wert von -5,12 eV (Lit. -5,10 eV) und für $Ir(piq)_3$ ein Wert von -5,07 eV (Lit. -5,07 eV). Es ist somit eine sehr gute Vergleichbarkeit der ermittelten energetischen Lagen der Grenzorbitale mit Literaturwerten gegeben. Diese gilt immer unter der Voraussetzung, dass die Messmethoden sich nicht zu stark voneinander unterscheiden. Für alle in der Arbeit verwendeten Emittermaterialien IHF-TE-14, IHF-TE-15, IHF-TE-17, IHF-TE-18, IHF-TE-19 und $Ir(piq)_3$ sind die ermittelten elektrochemischen Daten in Tabelle 4.1 zusammengestellt.

Verglichen mit den Phenylpyridin-basierten Triplett-Emittern $Ir(ppy)_3$ und $Ir(piq)_3$ sind die HOMO-Niveaus der Chinoxalin basierten Triplett-Emitter energetisch deutlich abgesenkt. Wie bereits in vielen Studien berichtet wurde, findet die erste Oxidation vergleichbarer Iridiumkomplexe zum Großteil auf dem Iridiumzentrum mit einem Anteil auf dem Carbanion tragenden Teil des Liganden statt. Hwang berichtete bereits zuvor von energetisch abgesenkten Grenzorbitalen bei Diphenylchinoxalin-Iridiumkomplexen [91]. Für Phenylpyridin-basierte Iridiumkomplexe konnte ebenfalls gezeigt werden, dass eine Substitution mit stark elektronegativen Fluoratomen in 3 und 5 Position eine energetische Absenkung des HOMO-Niveaus verursacht [31, 101]. Im Gegensatz zu den HOMO-Niveaus sind die LUMO-Niveaus in vergleichbaren Iridiumkomplexen fast ausschließlich auf dem heterozyklischen Teil des farbgebenden Liganden lokalisiert. Die resultierende Absenkung der energetischen Lagen der Grenzorbitale der Chinoxalin-Iridiumkomplexe ist somit eine Folge mehrerer Einflussfaktoren. Entscheidend dabei ist der Heterozyklus der farbgebenden Liganden, die Substitution mit den elektronegativen Fluoratomen und der Einfluss der unterschiedlichen Sättigungsliganden.

Um die Lokalisierung der Grenzorbitale für die Chinoxalin-Iridiumkomplexe IHF-TE-14, IHF-TE-15 und IHF-TE-17 zu bestimmen, wurden quantenmechanische Rechnungen unter

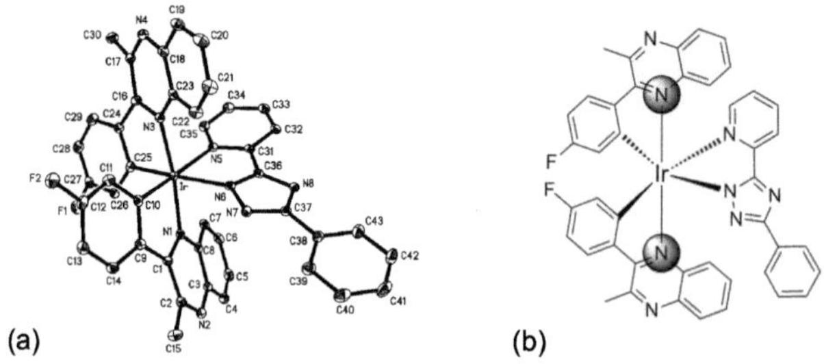

Abbildung 4.5: (a) Röntgenstruktur von IHF-TE-15 zusammen mit (b) dreidimensionaler Strukturformel; N-N trans Anordnung hervorgehoben [96].

Verwendung der Dichtefunktionaltheorie (DFT) durchgeführt [61, 100, 102–104]. Die dreidimensionale Struktur des ausschließlich bei der Synthese entstehenden Isomers (maximal vier mögliche Isomere) wurde aus den Kristallstrukturen der Iridiumkomplexe IHF-TE-14 und IHF-TE-15 erhalten [96]. Die Ergebnisse aus der Röntgenstrukturanalyse zeigten, dass die Chinoxalinliganden bevorzugt eine meridionale N,N-trans Anordnung einnehmen. Die Röntgenstruktur des Komplexes IHF-TE-15 ist zusammen mit der dazugehörigen dreidimensionalen Strukturformel in Abbildung 4.5 dargestellt.

Für die quantenmechanischen Berechnungen wurden die Bindungswinkel und die Bindungslängen aus den Röntgenstrukturdaten als Grundlage für die Geometrieoptimierung genutzt. Die einzelnen Parameter der DFT-Rechnungen wurden bereits in Abschnitt 3.3.5 beschrieben. Die Darstellungen der Grenzorbitale sind bei konstantem Wert der Wellenfunktionen zusammen mit deren energetischen Lagen (elektrochemische Untersuchung) in Abbildung 4.6 gegeben.

Durch den Vergleich der Emitter wird deutlich, dass sich insbesondere das HOMO von IHF-TE-15 von den HOMOs der anderen beiden Emitter unterscheidet. Für die Iridiumkomplexe IHF-TE-14 und IHF-TE-17 gilt, dass die HOMOs vorwiegend auf dem Iridiumzentrum und dem Carbanion tragenden Teil der farbgebenden Liganden lokalisiert sind. Die Verteilung zwischen den beiden Chinoxalinliganden ist dabei gleichmäßig. Die Molekülorbitale im LUMO sind ebenfalls gleichmäßig verteilt auf den heterozyklischen Teilen der Chinoxalinliganden lokalisiert. Die Lokalisierung der für die Komplexe IHF-TE-14 und IHF-TE-17 berechneten Grenzorbitale ähnelt der zuvor beschriebenen und berechneten Verteilung für die gut bekannten Phenylpyridin-Iridiumkomplexe [91].

Im Gegensatz dazu ist das HOMO des Komplexes IHF-TE-15 stark auf dem Triazolliganden und auf dem Iridiumzentrum lokalisiert. Das LUMO ist ungleichmäßig auf dem

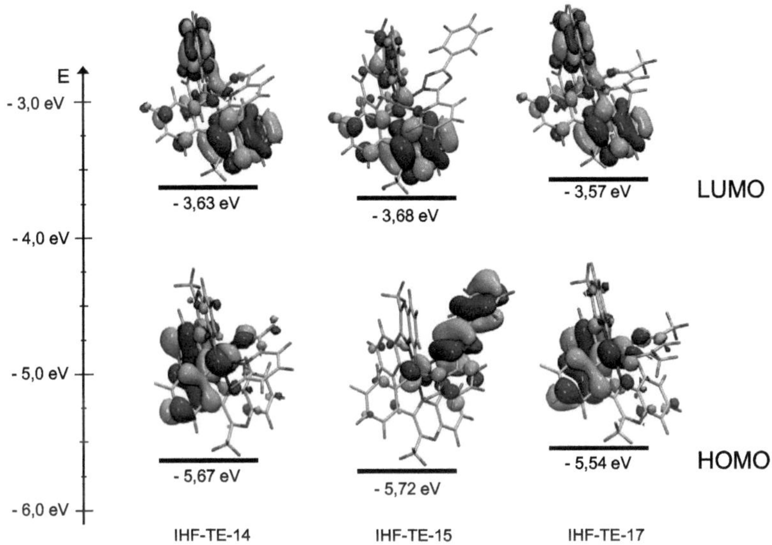

Abbildung 4.6: Elektrochemisch ermittelte Energieniveaus mit den dazugehörigen Darstellungen der quantenmechanisch berechneten Grenzorbitale bei konstantem Wert der Wellenfunktionen (*isovalue* 0,025/-0,025) für die neuen Triplett-Emitter IHF-TE-14, IHF-TE-15 und IHF-TE-17.

heterozyklischen Teil des Chinoxalinliganden verteilt. Der Unterschied zu den anderen zwei Komplexen liegt hier jedoch in der ungleichmäßigen Verteilung und nicht in der Lokalisierung. Die Auswirkungen dieser größeren Unterschiede in den berechneten Grenzorbitalen und somit auch in den Eigenschaften der Valenzelektronen der Chinoxalin-Iridiumkomplexe können nur sehr schwer qualitativ beurteilt oder abgeschätzt werden.

4.2.3 Stationäre und dynamische Photolumineszenz

Nach der spektroskopischen Untersuchung in Lösung und der elektrochemischen Charakterisierung werden im folgenden Abschnitt die Untersuchungen der stationären und der dynamischen Photolumineszenz beschrieben. Für die drei Triplett-Emitter IHF-TE-14, IHF-TE-15 und IHF-TE-17 sind die Ergebnisse der PL-Spektren im organischen Dünnfilm (8 % dotiert in TCTA, 100 nm) in Abbildung 4.7 (a) dargestellt. Unter Verwendung von TCTA (4,4',4"-

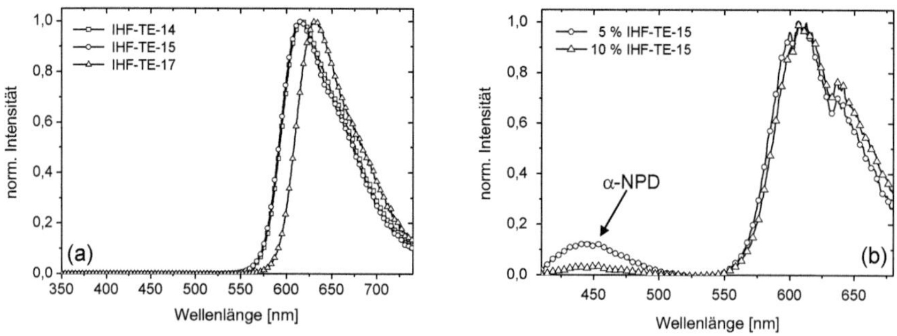

Abbildung 4.7: PL-Spektren im organischen Dünnfilm; (a) Triplett-Emitter IHF-TE-14, IHF-TE-15 und IHF-TE-17 8 % in der Matrix TCTA, (b) IHF-TE-15 mit unterschiedlichen Dotierkonzentrationen in der Matrix α-NPD.

Tris(carbazol-9-yl)triphenylamin) als Matrixmaterial wurde ein vollständiger Energietransfer zwischen Matrix und Triplett-Emitter beobachtet. Die Emissionsmaxima λ_{max} der Emittermaterialien wurden im organischen Dünnfilm zu: IHF-TE-14 $\lambda_{max} = 617$ nm; IHF-TE-15 $\lambda_{max} = 615$ nm und IHF-TE-17 $\lambda_{max} = 631$ nm bestimmt. Unter Verwendung von α-NPD als Matrixmaterial wurde, für die Untersuchung der stationären Photolumineszenz kein vollständiger Energieübertrag zwischen Matrix und den Chinoxalin-Iridiumkomplexen beobachtet. Dieses ist für den Emitter IHF-TE-15 mit den verwendeten Dotierkonzentrationen von 5 und 10 % in Abbildung 4.7 (b) dargestellt. Hierbei ist eine zusätzliche Fluoreszenz der Matrix α-NPD bei einer Emissionswellenlänge von etwa 450 nm zu erkennen. Aus diesen Ergebnissen kann geschlossen werden, dass aus Sicht der photophysikalischen Vorexperimente TCTA die geeignetere Matrix für die neuen Triplett-Emitter darstellt.

Es wurden weiterhin Streak-Kamera-Untersuchungen genutzt, die eine spektrale und zeitliche Auflösung der Phosphoreszenz ermöglichen. Zur optischen Anregung der Proben wurde ein kurzer Laserpuls mit einer Pulsdauer von 300 ns und einer Wellenlänge von 355 nm verwendet (siehe auch Abschnitt 3.3.2). Die Triplett-Lebensdauern (Abklingzeiten) für effiziente Triplett-Emitter liegen in Bereichen weniger Mikrosekunden [87]. Die Lebensdauer beschreibt dabei die durchschnittliche Zeit die ein Molekül im angeregten Zustand verbleibt, bevor dieser Zustand zerfällt. Die Kinetik des Zerfalls der Triplett-Zustände wird durch folgendes exponentielles Zerfallsgesetz beschrieben:

$$[T_1] = [T_1]_0 \, e^{(-k_{tot}t)} \qquad mit \qquad k_{tot} = k_r + k_{nr} = \frac{1}{\tau_{ph}}, \tag{4.1}$$

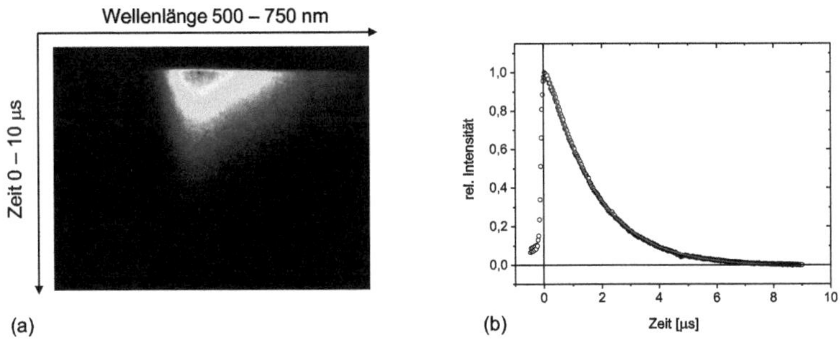

Abbildung 4.8: Streak-Kamera-Untersuchung des zeitlichen Verlaufs der Phosphoreszenz; (a) Schmierbildaufnahme von IHF-TE-17 mit (b) dazugehöriger Auswertung des zeitlichen Zerfalls (Fit monoexponentiell) bestimmt für λ_{max}.

wobei $[T_1]$ die Anzahl der Moleküle im angeregten Zustand zur Zeit t und $[T_1]_0$ die Anzahl der Moleküle im angeregten Zustand zum Zeitpunkt t = 0 beschreibt. k_{tot} ist das Inverse der Triplett-Lebensdauer τ_{ph} und ergibt sich aus den Zerfallskonstanten k_r und k_{nr} für strahlende respektive nichtstrahlende Prozesse.

In Abbildung 4.8 ist die Charakterisierung der Triplett-Lebensdauer am Beispiel des Emitters IHF-TE-17 dargestellt. In Abbildung 4.8 (a) ist das Schmierbild für den oben angegebenen spektralen und zeitlichen Bereich abgebildet. In Abbildung 4.8 (b) ist der monochrome zeitliche Zerfall für die maximale Wellenlänge λ_{max} mit monoexponentieller Kurvenanpassung zu sehen. In Tabelle 4.2 sind die Ergebnisse der Triplett-Lebensdauern aller in dieser Arbeit verwendeter Triplett-Emitter zusammengefasst. Die Triplett-Lebensdauern aller Iridiumkomplexe sind ebenfalls in der Materialdatenbank im Anhang aufgeführt.

Wie aus der Tabelle 4.2 zu entnehmen ist, wurden die Triplett-Lebensdauern aller verwendeter Iridiumkomplexe zu sehr kleinen Werten im Bereich weniger Mikrosekunden bestimmt. Ein solch kurzlebiger Triplett-Zustand weist in Verbindung mit einer hohen Quantenausbeute auf einen starken Einfluss des Iridiumzentrums (^{3}MLCT-Charakter) hin. Wie anhand der Analyse der intrinsischen Degradation gezeigt wurde, ist eine so kurze Triplett-Lebensdauer ($< 3\,\mu s$) eine der Grundvoraussetzungen für die Realisierung langzeitstabiler OLEDs. Der Grund dafür liegt insbesondere in der geringeren lokalen Exzitonendichte und in der geringeren Triplett-Triplett Luminanzlöschung. Diese Grundvoraussetzung ist bei allen hier eingeführten neuen Triplett-Emittern erfüllt. Aus diesen Daten können jedoch keine Rückschlüsse auf die chemische Stabilität der Komplexe gezogen werden.

Tabelle 4.2: Triplett-Lebensdauern aller in dieser Arbeit untersuchten Iridiumkomplexe.

Komplex	IHF-TE-14	IHF-TE-15	IHF-TE-17	IHF-TE-18	IHF-TE-19	$Ir(piq)_3$[a]
τ_{ph} [µs]	2,1	2,6	1,7	1,9	3,0	1,2

[a] Literaturwert der Referenz $Ir(piq)_3$: 1,1 µs [87].

4.3 Elektronentransportmaterialien

Die Anzahl kommerziell erhältlicher und gleichzeitig langzeitstabiler Elektronentransportmaterialien ist begrenzt. Ein guter Überblick über unterschiedliche Materialklassen von Elektronentransportmaterialien wird in [105] gegeben. Häufig werden Aluminiumchinolinate wie Alq_3 oder BAlq eingesetzt. BAlq hat sich dabei als der langzeitstabilste Vertreter dieser Materialklasse erwiesen [72, 75]. Neben dem Vorteil der hohen Langzeitstabilität und hoher Glasübergangstemperaturen besitzen die Aluminiumchinolinate jedoch den Nachteil der vergleichsweise geringen Elektronenbeweglichkeit.

Im folgenden Absatz werden Literaturdaten zu Ladungsträgerbeweglichkeiten der verwendeten Ladungstransportmaterialien verglichen. Ein direkter quantitativer Vergleich ist jedoch schwierig, da für deren Bestimmungen häufig unterschiedliche Methoden in der Literatur genutzt wurden. Die Elektronenbeweglichkeit für Alq_3 wurden im Bereich um $10^{-6}\,cm^2/Vs$ in Abhängigkeit des elektrischen Feldes bestimmt [106]. Für BAlq wurde ebenfalls eine feldabhängige Elektronenbeweglichkeit im Bereich um $10^{-6}\,cm^2/Vs$ erhalten [43]. Im Vergleich zu dem in dieser Arbeit genutzten Lochtransportmaterial α-NPD liegt die Elektronenbeweglichkeit für die Aluminiumchinolinate um zwei Größenordnungen unterhalb der Lochbeweglichkeit von α-NPD. Dessen Lochbeweglichkeit wurde in Abhängigkeit des elektrischen Feldes im Bereich zwischen $10^{-3}\,cm^2/Vs$ und $10^{-4}\,cm^2/Vs$ bestimmt [39]. Phenanthroline wie Bphen und BCP bieten gegenüber den eher kugelförmigen Aluminiumchinolinaten eine deutlich höhere Ladungsträgerbeweglichkeit im Bereich um $10^{-4}\,cm^2/Vs$ [107, 108]. Der Grund dafür sind die stärkeren π-π-Wechselwirkungen zweier benachbarter Moleküle untereinander. Wie jedoch gezeigt wurde, weisen Bphen und BCP insbesondere in löcherdominierten OLED-Strukturen einen materialspezifischen intrinsischen Degradationspfad auf. Dimerisierungsreaktionen und der Ligandenaustausch mit den eingesetzten Iridiumkomplexen wurden als mögliche Degradationsmechanismen nachgewiesen [109]. Weitere Nachteile liegen in der geringen morphologischen Stabilität der bisher in OLEDs genutzten Phenanthroline. Im folgenden Abschnitt werden zwei neue Vertreter der Klasse der Phenanthroline mit verbesserten morphologischen und chemischen Stabilitäten vorgestellt.

Morphologische Stabilität

Wie bereits im Abschnitt 2.3 erwähnt, gehört die morphologische Stabilität von organischen Materialien zu den intrinsischen Degradationsfaktoren. Bevor die chemische Stabilität von organischen Materialien als vermutete Hauptursache für die Degradation in OLEDs ausgemacht wurde, wurden Unterschiede in der Luminanzlebensdauer häufig anhand der unterschiedlichen morphologischen Stabilitäten erklärt. D'Andrade *et al.* zeigten, dass durch den Einsatz von Mischschichten aus Bphen ($T_g = 66\,°C$) und BAlq ($T_g = 92\,°C$) (ETL) die Luminanzlebensdauer gegenüber der Verwendung einer reinen Bphen-Schicht gesteigert werden konnte [110]. Die dominierende Ursache für die Steigerung der Lebensdauer ist aus heutiger Sicht jedoch die Limitierung der intrinsischen chemischen Degradation durch das langzeitstabilere BAlq. Die morphologische Stabilität ist trotz dieser Erkenntnis eine wichtige Materialeigenschaft und insbesondere für den Betrieb der OLEDs bei höheren Temperaturen entscheidend.

Materialien mit kleinen Glasübergangstemperaturen richten sich im organischen Dünnfilm leicht zueinander aus. Am Beispiel des Bphen ist diese Ausrichtung in Abbildung 4.9 exemplarisch veranschaulicht. Die planaren ausgedehnten π-Elektronensysteme der Bphen-Moleküle wechselwirken über Stapelwechselwirkungen miteinander. Durch die relativ geringe Größe des Moleküls ist die kinetische Hemmung der Neuausrichtung der Moleküle zueinander klein. Diese definierte Ausrichtung der Moleküle zueinander führt zum Verlust der amorphen Filmstruktur und zur Bildung kristalliner Bereiche. Die Wachstumsgeschwindigkeit dieser kristallinen Bereiche hängt dabei stark von der Temperatur und dem vorherrschenden elektrischen Feld ab. Im Gegensatz zu amorphen Dünnfilmen, die eine geringe Oberflächenrauheit aufweisen, zeigen kristalline Bereiche eine hohe Oberflächenrauheit mit großer Ausdehnung in z-Richtung. Im Betrieb der OLED können diese lokalen Ausdehnungen in z-Richtung zu kleinen lokalen oder auch zu globalen Kurzschlüssen zwischen den Elektroden führen. Ein globaler Kurzschluss wäre gleichbedeutend mit einem Ausfall der OLED.

Eine Steigerung der Glasübergangstemperaturen kann auf unterschiedliche Art und Weise erreicht werden. Wie bereits beschrieben, ist dieses durch Mischung zweier organischer Materialien möglich. Weiterhin wurde am Beispiel des n-dotierten Bphen gezeigt, dass durch elektrische Dotierung mit Cäsium-Verbindungen eine Steigerung der morphologischen Stabilität der resultierenden Schichten erreicht werden kann [46]. Die morphologische Stabilität dieser, auch in dieser Arbeit verwendeten Elektroneninjektionsschicht (Bphen:Cs_2CO_3), wird in späteren Abschnitten noch weiterführend betrachtet.

Als weiterer Ansatz zur Steigerung der Glasübergangstemperaturen und zur Optimierung der chemischen Stabilität wurden zwei neuartige Phenanthrolinsysteme (siehe Abbildung 4.9) charakterisiert und in organischen Bauelementen eingesetzt. Die morphologischen Eigenschaf-

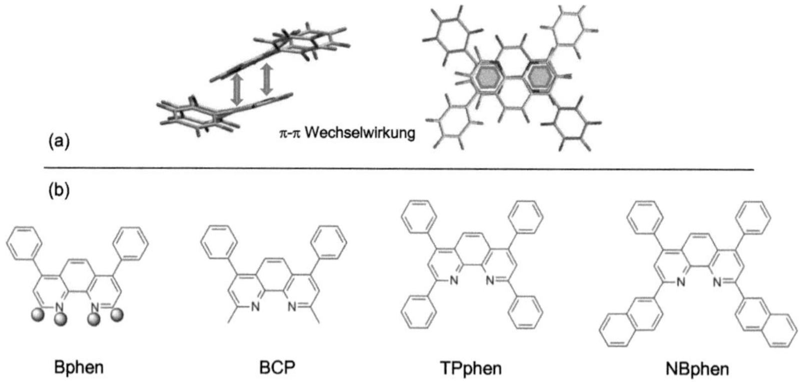

Abbildung 4.9: Neuartige Elektronentransportmaterialien; (a) dreidimensionale Darstellungen der π-π-Stapelwechselwirkungen zwischen zwei Bphen-Molekülen (Seitenansicht und Aufsicht). (b) Strukturformeln der vier untersuchten Phenanthroline mit gekennzeichneter chemisch reaktivster Position am Beispiel des Bphen-Moleküls.

ten von TPphen (2,4,7,9-Tetraphenyl-1,10-phenanthrolin) und NBphen (2,9-Di(naphthalen-2-yl)-4,7-diphenyl-1,10-phenanthrolin) wurden mit denen von Bphen und BCP verglichen. NBphen ist dabei kommerziell erhältlich, wurde jedoch bisher nur im Zusammenhang mit organischen Solarzellen in der Literatur beschrieben [111]. TPphen wurde am IHF synthetisiert.

Aus den Ergebnissen der DSC-Untersuchungen in Tabelle 4.3 geht hervor, dass die morphologische Stabilität der Verbindungen durch die größeren Substituenten gesteigert werden konnte. Für TPphen wurde eine Glasübergangstemperatur von 107 °C bestimmt. Für NBphen konnte kein Glasübergang ermittelt werden. Aufgrund des noch höheren Schmelzpunktes ist jedoch zu vermuten, dass der Glasübergang noch oberhalb des Glasübergangs von TPphen liegen müsste. Im Vergleich zu Bphen und BCP konnte die Glasübergangstemperatur um etwa 40 °C erhöht werden. Zusätzlich zur Steigerung der Glasübergangstemperaturen wurde durch die weiteren Phenyl- oder Naphthylgruppen eine Abschirmung der chemisch reaktivsten Positionen der Phenanthroline erreicht (siehe Abbildung 4.9).

Exemplarisch ist die DSC-Messung von Bphen in Abbildung 4.10 dargestellt. Die Messung wurde bei einer Starttemperatur von 0 °C und einer Zieltemperatur von 280 °C durchgeführt. Zu Anfang der Messung ist die waagerechte Basislinie der Messung zu erkennen. Im ersten Heizzyklus (rote Linie) ist kein Glasübergang sichtbar. Das ist darin begründet, dass das Rohmaterial (Bphen) von Anfang an in kristalliner Form vorlag. Ein Glasübergang der amorphen Struktur konnte somit im ersten Heizzyklus nicht bestimmt werden. Bei genau 220 °C ist ein

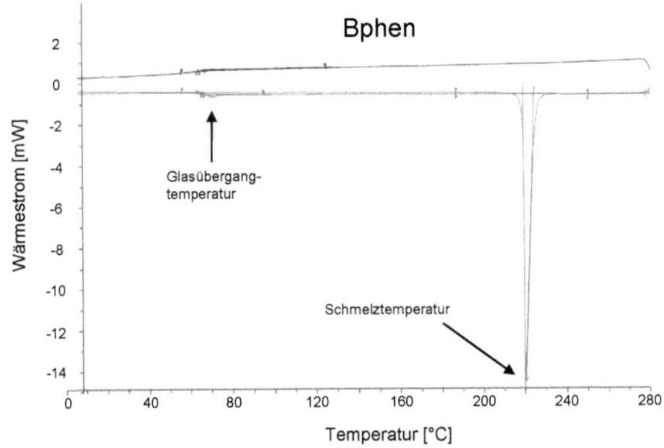

Abbildung 4.10: DSC-Messung an Bphen im Temperaturbereich zwischen 0 und 280 °C bei einer Heizrate von 10 K/min.

Tabelle 4.3: Zusammenstellung der DSC-Ergebnisse zur thermischen Stabilität der Phenanthrolinsysteme.

Elektronentransportmaterial	Bphen	BCP	TPphen	NBphen
Glasübergangstemperatur T_g [°C]	66	64	107	–[a]
Schmelztemperatur T_m [°C]	220	287	322	346

[a] Glasübergang konnte aus DSC-Messungen nicht bestimmt werden.

stark endothermer Schmelzpeak zu erkennen. Das zu untersuchende Material bildet während des Abkühlens (blaue Linie) einen amorphen Festkörper aus, welcher einen Glasübergang bei etwa 60 °C aufweist. Im zweiten Heizzyklus (grüne Linie) wird der Glasübergang der amorphen Substanz (Bphen) zu 66 °C bestimmt. Der Glasübergang äußert sich für gewöhnlich in Form einer Stufe in der Basislinie. Diese endotherme Stufe wird dabei auf die Zunahme der Wärmekapazität (größere Beweglichkeit der Moleküle) im Festkörper zurückgeführt [112].

Um die veränderten morphologischen Eigenschaften der Materialien noch einmal zu überprüfen, wurden Untersuchungen mit dem Rasterkraftmikroskop (AFM) und lichtmikroskopische Untersuchungen an organischen Dünnfilmen durchgeführt (siehe Abbildung 4.11 und 4.12). Die AFM-Bilder wurden direkt nach der Entnahme aus dem Vakuum aufgenommen (t = 0 Stunden). TPphen und NBphen bildeten einen glatten amorphen Film. AFM-Aufnahmen an Bphen-Filmen waren überhaupt nur direkt nach der Prozessierung möglich. Die Oberfläche und die Morphologie der Bphen-Schicht unterlagen dabei einer

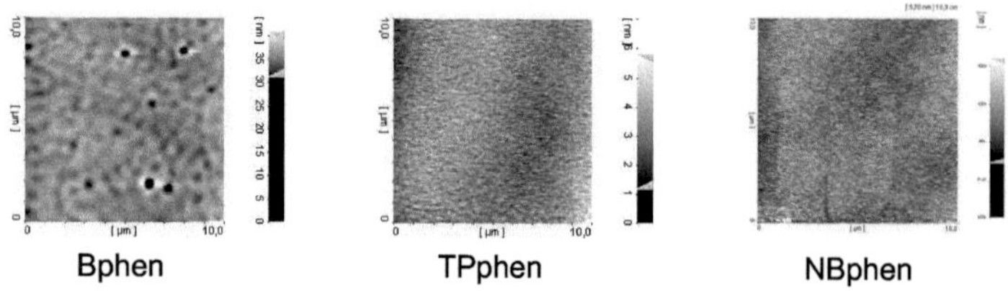

Abbildung 4.11: AFM-Aufnahme (10 x 10 µm) direkt nach Prozessierung im UHV an Bphen-, TPphen- und NBphen-Dünnfilmen.

permanenten Veränderung. Die Oberfläche der Bphen-Schicht weist eine deutlich höhere Oberflächenrauheit im Vergleich zu den beiden anderen Schichten auf.

Wie aus den Lichtmikroskopaufnahmen weiterhin zu sehen ist, war der Bphen-Dünnfilm nach 12 Stunden vollständig kristallisiert. Für die Filme aus TPphen und NBphen konnten nach 12 Stunden mit dem Lichtmikroskop keine Kristallisationsbereiche gefunden werden. Nach einem Lagerungszeitraum von 360 Stunden (Atmosphäre) bildeten sich auf dem TPphen-Dünnfilm kleine Kristallisationsbereiche aus, die nach 720 Stunden zusammengewachsen waren. Für die NBphen-Dünnfilme waren erst nach 720 Stunden an Atmosphäre viele kleine Kristallisationsbereiche zu erkennen (siehe Vergrößerung Abbildung 4.12). Anhand der Untersuchungen an organischen Dünnfilmen konnten die zuvor aus den DSC-Messungen erhaltene Optimierung der morphologischen Stabilitäten bestätigt werden.

In den folgenden Kapiteln werden insbesondere die Ergebnisse der Untersuchungen der eingeführten neuen Materialkonzepte im Bauelement vorgestellt. Der Schwerpunkt dieser Arbeiten ist dabei auf die Untersuchungen der Luminanzlebensdauern ausgerichtet.

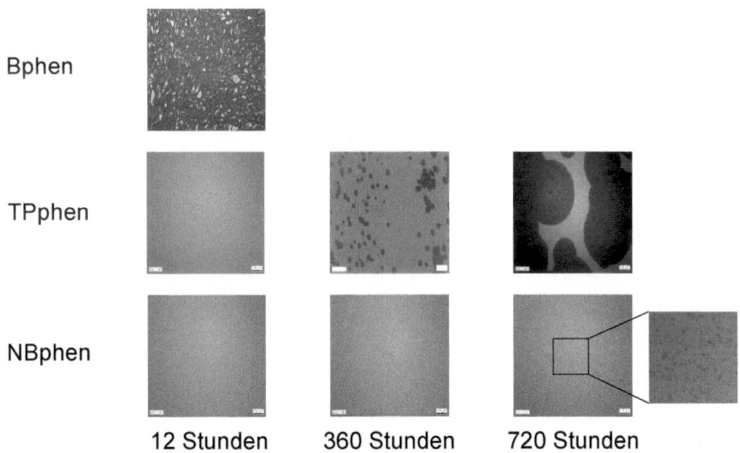

Abbildung 4.12: Mikroskopische Aufnahmen (etwa 2 x 2 mm, 10-fache Vergrößerung) an organischen Dünnfilmen von Bphen, TPphen und NBphen nach definierter Lagerzeit an Atmosphäre. Zusätzliche Vergrößerung beim NBphen-Film nach 720 Stunden.

5 Langzeitstabile orange-rote OLEDs auf Basis von Chinoxalin-Iridiumkomplexen

Die in Kapitel 4 eingeführten und charakterisierten Chinoxalin-Iridiumkomplexe IHF-TE-14, IHF-TE-15 und IHF-TE-17 wurden in Bauelementen auf ihre Funktion in der OLED überprüft. Zu Beginn dieses Kapitels werden erste Ergebnisse dieser Emittersysteme in einfachen OLED-Teststrukturen vorgestellt. Anschließend wird eine pin-*OLED-Struktur eingeführt, die eine Maximierung der Betriebslebensdauer ermöglichen sollte. Diese* pin-*OLED wurde Schicht für Schicht durch gezielte Degradationsuntersuchungen einzelner Schichten und Schichtsysteme optimiert. In diesem optimierten* pin-*OLED-Aufbau werden Untersuchungen zur Langzeitstabilität der Chinoxalin-Iridiumkomplexe vorgestellt und diskutiert. Weiterhin werden am Ende dieses Kapitels gezielte Degradationsuntersuchungen vorgestellt, die es ermöglichten, die auftretenden Unterschiede in der Langzeitstabilität der unterschiedlichen Triplett-Emitter zu analysieren.*

5.1 OLED-Teststrukturen

Für die erste Evaluierung der neuen Iridiumkomplexe in organischen Leuchtdioden wurden einfache OLED-Teststrukturen bestehend aus drei organischen Schichten verwendet. Als Lochtransporter wurde eine 20 nm dicke Schicht aus α-NPD verwendet, welche direkt auf der transparenten ITO-Anode abgeschieden wurde. Die Emittermaterialien wurden mit einer Dotierkonzentration von 8 % in 20 nm TCTA als Matrixmaterial eindotiert. Für den Transport der Elektronen in das Matrixmaterial wurde eine 45 nm dicke TPBi (1,3,5-Tris(phenyl-2-benzimidazol)benzol) Elektronentransport-/Lochblockerschicht verwendet, die mit einem Injektionskontakt aus LiF (0,7 nm) und einer 100 nm Aluminiumkathode abgeschlossen wurde. Die lochblockierenden Eigenschaften des TPBi wurden hier benötigt, um die Rekombinationszone in der Emissionsschicht zu halten [113]. Die hierbei verwendeten Materialien, insbesondere das Matrix- und das Elektronentransportmaterial sind chemisch nicht stabil und tragen deshalb stark zur intrinsischen Degradation dieser OLED-Strukturen bei [70, 72, 114]. Eine Evaluierung des tatsächlichen Lebensdauerpotentials der Triplett-Emitter war mit

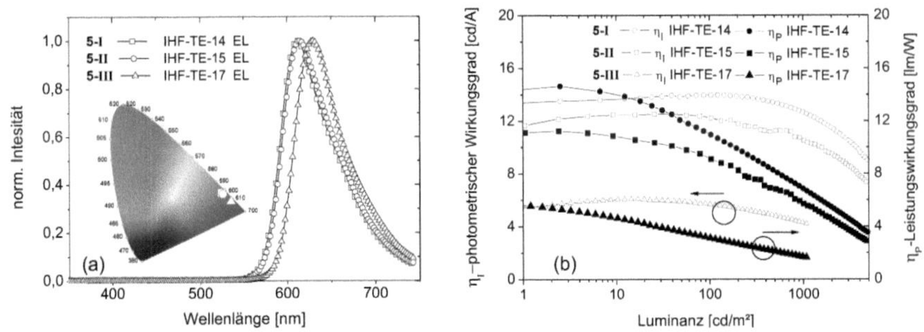

Abbildung 5.1: (a) Elektrolumineszenzspektren mit den dazugehörigen CIE-Koordinaten der drei OLED-Teststrukturen 5-I, 5-II und 5-III. (b) Photometrischer η_I (leere Symbole) und Leistungswirkungsgrad η_P (ausgefüllte Symbole) dargestellt über die Luminanz.

dieser Bauelementstruktur nicht möglich. Diese Bauelemente sollten zur Evaluierung der generellen Funktion in der OLED eingesetzt werden. Dazu war es zunächst wichtig, die Elektrolumineszenzspektren (EL-Spektren) und die potentiellen Effizienzen zu bestimmen.

Die Ergebnisse der drei OLED-Teststrukturen 5-I (IHF-TE-14), 5-II (IHF-TE-15) und 5-III IHF-TE-17 sind in der Abbildung 5.1 dargestellt und tabellarisch in Tabelle 5.1 zusammengefasst. Die Benennung der OLED-Bauelemente erfolgt in dieser Arbeit nach einer speziellen Nummerierung. Die Nummerierung (I, II, III, ...) ist dabei nicht durchgängig fortlaufend, sondern beginnt mit jedem weiteren Kapitel des experimentellen Teils neu. Bei der Benennung wird die jeweilige Kapitelnummer im Namen mit aufgeführt.

Die EL-Spektren der drei Bauelemente entsprachen dabei in ihrer Charakteristik denen der zuvor bestimmten PL-Spektren in Lösung und im Dünnfilm. Daraus konnte geschlossen werden, dass die erhaltene Elektrolumineszenz aus einem Triplett-Niveau der Emittermaterialien resultierte. Wie auch in den PL-Spektren zuvor, wurde eine schmalbandige orange-rote Emission bei den Emissionsmaxima λ_{max} von 615 nm (5-I), 613 nm (5-II) und 630 nm (5-III) erhalten. Alle drei OLEDs zeigten eine für diese intrinsische Struktur niedrige Einsatzspannung und hohe maximale Leuchtdichten bis zu 28 000 cd/m^2.

Verglichen mit den effizientesten kommerziellen orange-rot emittierenden Triplett-Emittern zeigten die neuen Emittersysteme IHF-TE-14 und IHF-TE-15 vergleichbar hohe Effizienzen in einem einfachen OLED-Aufbau [12, 13]. Unter Berücksichtigung der durch den rein intrinsischen Aufbau bedingten höheren Betriebsspannungen sollen hier insbesondere die photometrischen Wirkungsgrade (η_I) genauer betrachtet werden. Bei einer Leuchtdichte von 1 000 cd/m^2 wiesen die OLEDs einen Wirkungsgrad von 12,6 cd/A (5-I), 10,5 cd/A (5-II)

Tabelle 5.1: Elektrooptische Charakteristiken der OLED-Teststrukturen 5-I, 5-II und 5-III.

		λ_{max} [nm]	CIE		FWHM [nm]	max. Luminanz [cd/m^2] (V)	Einsatz-spannung [V]	η_P / η_I [lm/W] / [cd/A] @ cd/m^2		
	TE		x	y				1	100	1 000
5-I	IHF-TE-14	615	0,65	0,35	71	28 019 (12,6)	2,5	14,4 / 13,3	11,0 / 14,0	6,8 / 12,6
5-II	IHF-TE-15	613	0,64	0,36	70	21 528 (12,0)	2,9	11,1 / 11,7	9,0 / 12,2	5,7 / 10,5
5-III	IHF-TE-17	630	0,68	0,32	64	13 252 (12,0)	2,4	5,5 / 5,5	3,1 / 5,7	1,7 / 4,3

und 4,3 cd/A (5-III) auf. Der geringere Wirkungsgrad für IHF-TE-17 ist teilweise auf die Hellempfindlichkeit des menschlichen Auges für stärker rotverschobene Emissionsspektren zurückzuführen.
Die photometrischen Wirkungsgrade der drei OLEDs (5-I, 5-II, 5-III) zeigten einen vergleichsweise geringen Abfall (engl.: *roll-off*) für hohe Leuchtdichten. Ein solch ausgeprägter Effizienzabfall wird häufig in OLEDs mit Triplett-Emittermaterialien festgestellt, da die angeregten Zustände in vielen Fällen lange Lebensdauern aufweisen. Typische Fluoreszenzlebensdauern (Singulett-Emitter) betragen hingegen nur wenige Nanosekunden [115]. Am Beispiel des Platinkomplexes PtOEP (2,3,7,8,12,13,17,18-Octaethyl-12*H*,23*H*-prophin-platin(II)) (τ_{ph} = 50 µs) wurden ausgeprägte Nebenprozesse auf dem Matrixmaterial (Mitleuchten der Matrix) und die Triplett-Triplett-Löschung als Folge der langen Abklingzeiten beschrieben [116]. Hierbei ist für eine effiziente Emission auch bei höheren Stromdichten eine schnelle optische Entvölkerung der angeregten Zustände zwingend erforderlich, welche in allen drei neuen Emittermaterialien gegeben ist. Die hohen photometrischen Wirkungsgrade weisen somit auf einen effizienten Energietransfer zwischen Matrix und Emitter und auf eine hohe interne Quanteneffizienz der eingesetzten Emittermaterialien hin.

Bei ersten Luminanzlebensdauertests an verkapselten OLEDs des vorgestellten intrinsischen Aufbaus wurde für den Emitter IHF-TE-14 eine t_{50}-Luminanzlebensdauer von 300 Stunden bei einer Startleuchtdichte von 300 cd/m^2 bestimmt.

5.2 Aufbau langzeitstabiler *pin*-OLED-Strukturen

OLEDs auf Basis einer *pin*-Struktur (p-leitend/intrinsisch/n-leitend) bieten viele Vorteile gegenüber einem rein intrinsischen Aufbau. Durch die Verwendung von elektrisch dotierten Transportschichten wird, wie bereits in Abschnitt 2.2.3 vorgestellt, die Injektionsbarriere an den elektrischen Kontakten auf ein Minimum reduziert. Ladungsträger können im Idealfall ohne Überwindung einer energetischen Barriere (ohmscher Kontakt) in die angrenzenden organischen Schichten injiziert werden. Auch die Leitfähigkeiten im elektrisch dotierten organischen Film sind aufgrund der vielen zusätzlichen freien Ladungsträger um ein Vielfaches erhöht. Der Spannungsabfall auf den verwendeten dotierten Transportschichten ist sehr klein verglichen mit dem Spannungsabfall auf den intrinsischen organischen Schichten. In einem OLED-Aufbau mit zwei elektrisch dotierten Ladungsträgerinjektionsschichten (HIL und EIL) muss die Emissionsschicht (EML) noch durch zwei weitere Ladungstransportschichten von den elektrisch dotierten Schichten separiert werden. Dieses ist nötig, da ansonsten die hohe Dichte an freien Ladungsträgern in den Injektionsschichten zur Luminanzlöschung der Triplett-Zustände führen würde. Die Separationsschichten dienen ebenfalls dazu, die Ladungsträger an der Grenzfläche zur Emissionsschicht zu blockieren, um somit die Rekombinationszone in der Emissionsschicht zu halten. Ein vergleichbarer schematischer Aufbau wurde bereits zu Beginn der Arbeit in Abbildung 2.3 vorgestellt. Die *pin*-OLEDs zeigen einen sehr steilen Anstieg der Luminanz- und Stromdichtecharakteristiken, welche es ermöglichen, die OLED bei niedrigen Betriebsspannungen zu betreiben. Die Einsatzspannung einer *pin*-OLED, ohne große energetische Barrieren an den Grenzflächen der intrinsischen Schichten, sollte im Idealfall nahe der Photonenenergie des verwendeten Emittermaterials liegen [117].

Elektrisch dotierte Ladungsträgerinjektionsschichten

Die verwendete *pin*-OLED wurde angelehnt an die von Meerheim *et al.* beschriebene sehr langzeitstabile Bauelementarchitektur aufgebaut [85]. Für die elektrisch dotierten Ladungsträgerinjektionsschichten wurden in dieser Arbeit zwei feste Schichtsysteme verwendet. Für die Lochinjektion wurde eine p-dotierte Schicht aus α-NPD dotiert mit MoO_3 und für die Elektroneninjektion wurde eine n-dotierte Schicht aus Bphen dotiert mit Cs_2CO_3 genutzt. Das Kriterium für Ladungstransportschichten, welches mit Blick auf die Langzeitstabilität im Betrieb der OLED betrachtet wurde, ist der prozentuale Spannungsanstieg über die Zeit. Ein starker Spannungsanstieg würde bedeuten, dass durch die chemische Instabilität der Moleküle gegenüber einer Ladungsträgersorte zusätzliche Fallenzustände innerhalb der Bandlücke des Materials entstehen, die durch vorhandene Ladungsträger aufgefüllt werden würden. Ein konstanter Spannungsverlauf während des Betriebs wird als Kriterium für die Optimierung von langzeitstabilen Ladungstransportschichten angesehen.

Für beide Materialkombinationen der Ladungsträgerinjektionsschichten wurden durch Variation der Dotierkonzentrationen und anschließende Untersuchung des Spannungsanstiegs im Betrieb optimierte Schichtsysteme erhalten. Hierfür wurde folgender Aufbau verwendet:

$$\text{ITO (90 nm) / } \alpha\text{-NPD : MoO}_3\text{ (50 nm) bzw. Bphen : Cs}_2\text{CO}_3\text{ (50 nm) / Al (100 nm)}$$

Angaben über Dotierkonzentrationen bei den n-dotierten Schichten können nicht gemacht werden, da eine exakte Bestimmung der Schichtdicken reiner Cs_2CO_3-Schichten nicht möglich war. Für die Dotierkonzentrationen von Alkalimetallverbindungen gibt es auch in der Literatur stark unterschiedliche Werte [81, 118, 119]. Experimentell wurden die einzelnen 50 nm dicken elektrisch dotierten Schichten bei einer Stromdichte von $400\,mA/cm^2$ und einer Umgebungstemperatur von 70 °C über einen Zeitraum von 500 Stunden auf ihre Langzeitstabilität im Betrieb untersucht. Für alle p-dotierten und für eine optimierte n-dotierte Schicht wurde ein maximaler prozentualer Spannungsanstieg von unter 5 % ermittelt. Für die thermische Stabilität der n-dotierten Schichten wurde ein Zusammenhang zwischen maximaler Leitfähigkeit und maximaler morphologischer Stabilität gefunden. Im globalen Maximum der Leitfähigkeit kann von einem optimalen Verhältnis von Matrix und Dotant in der Schicht ausgegangen werden. Die Stabilitätsuntersuchungen der Ladungsträgerinjektionsschichten sind im Einzelnen nicht dargestellt, da die intrinsische Stabilität der gesamten charge-only Strukturen im folgenden Abschnitt diskutiert wird. Für die p-dotierten Schichtsysteme ergab sich im Gegensatz zu den n-dotierten Schichtsystemen eine Unabhängigkeit der Langzeitstabilität von der Dotierkonzentration des elektrischen Dotanten. Es wurde jedoch für alle weiteren HIL-Schichtsysteme in dieser Arbeit immer eine Dotierkonzentration von 20 % MoO_3 in α-NPD gewählt.

Charge-only Strukturen

Mit den erhaltenen langzeitstabilen elektrisch dotierten Ladungsträgerinjektionsschichten (HIL und EIL) wurden anschließend *hole-only* (*h-only*) und *electron-only* (*e-only*) Bauelemente aufgebaut. In diesen Strukturen werden generell intrinsische Testschichten (Materialien) gezielt auf die Stabilität gegenüber nur einer Ladungsträgersorte untersucht. Solche Strukturen wurden in der Literatur schon vielfach gezielt in der Analytik intrinsischer Degradationsursachen eingesetzt [63, 84, 120]. Für die Belastung mit Löchern wurde eine *h-only* Struktur (p-leitend / intrinsisch / p-leitend - *pip*) und für die Belastung mit Elektronen eine *e-only* Struktur verwendet (n-leitend / intrinsisch / n-leitend - *nin*). Der verwendete Aufbau der Bauelemente ist zusammen mit den energetischen Lagen der Grenzorbitale der verwendeten Materialien in Abbildung 5.2 dargestellt. s-TAD (2,2',7,7'-Tetrakis(*N*,*N*'-diphenylamino)-9,9'-spirobifluoren) und α-NPD wurden auf ihre Stabilität gegenüber Löchern (Oxidation) und BAlq und Bphen auf ihre Stabilität gegenüber Elektronen (Reduktion) untersucht.

Die Stromdichte-Spannungscharakteristik der vier Bauelemente ist in Abbildung 5.2 (a) und (b) in einem Spannungsbereich zwischen -3 bis 3 V dargestellt. Für die *h-only* Strukturen (Abbildung 5.2 (a)) ergab sich ein fast symmetrischer Verlauf der Kennlinien. Aufgrund dieses symmetrischen Verlaufs kann angenommen werden, dass die Injektion von Löchern aus beiden elektrischen Kontakten (ITO und Al) nahezu gleich effizient erfolgt. Die Injektion an den Grenzflächen zu den Kontakten kann als ohmsch angenommen werden. Für das Bauelement mit einer intrinsischen Schicht aus s-TAD wurde ein steilerer Verlauf der Stromdichte erhalten.

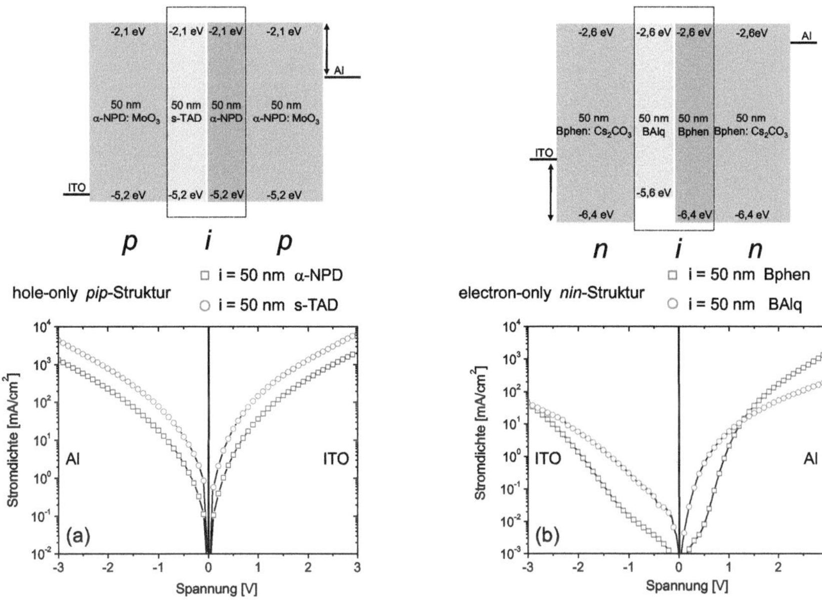

Abbildung 5.2: Aufbau der *pip*- und *nin*-Strukturen mit der Darstellung der energetischen Lagen der Grenzorbitale der einzelnen Schichten. Darstellung der Stromdichte-Spannungscharakteristik der (a) *pip*- und (b) der *nin*-Teststrukturen.

Unter der Annahme, dass die energetischen Niveaus für das HOMO beider Materialien nahezu gleich sind, ist dieser Unterschied auf die bessere intrinsische Leitfähigkeit im s-TAD Film im Vergleich zum α-NPD zurückzuführen.

Für die *e-only* Strukturen (5.2 (b)) ergab sich ein unsymmetrischer Verlauf der Stromdichtecharakteristiken. Die Injektion der Elektronen aus dem Aluminiumkontakt kann hier, im Gegensatz zur Injektion aus dem ITO, als ohmsch angenommen werden. Aus den Unterschieden der Stromdichtecharakteristiken zwischen den *nin*-Strukturen mit unterschiedlichen intrinsischen Schichten (Bphen und BAlq) können direkt Informationen zu materialspezifischen Eigenschaften gewonnen werden. Der Strom ist für niedrige Spannungen, im Falle der *e-only* Struktur unter Verwendung von Bphen, stark limitiert. Grund dafür sind vermutlich kleine energetische Barrieren oder eine größere Anzahl an materialspezifischen Fallenzuständen innerhalb der intrinsischen Schichten. Für höhere Spannungen ist die größere Ladungsträgerbeweglichkeit in der Bphen-Schicht entscheidend für den Verlauf der Strom-

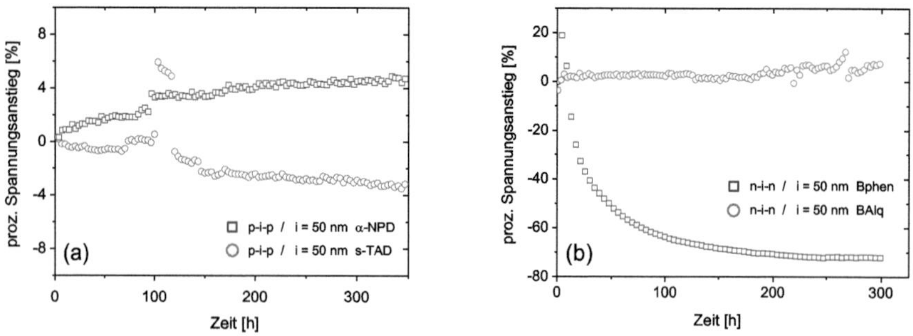

Abbildung 5.3: Darstellung des prozentualen Spannungsanstiegs der (a) *h-only* Strukturen bei 85 °C und (b) der *e-only* Strukturen bei 70 °C und einer Stromdichte von 400 mA/cm^2 über den Zeitraum von 300 Stunden.

dichte. Grenzflächeneffekte an den Elektroden werden ausgeschlossen, da der Unterschied der Bauelemente nur durch die unterschiedlichen intrinsischen Schichten gegeben war.

Langzeitstabilitätstests der *h-only* und der *e-only* Bauelemente sind in Abbildung 5.3 dargestellt. Für die *h-only* Strukturen ergab sich bei einer Betriebstemperatur von 85 °C sowohl für α-NPD als auch für s-TAD ein prozentualer Spannungsanstieg unterhalb von 5 %. Für s-TAD war die Spannung über den Zeitraum sogar noch etwas fallend.

Für die *e-only* Strukturen ergab sich ein differenziertes Bild. Ein Betrieb bei einer Temperatur von 85 °C war für diese Strukturen nicht möglich, da die Kristallisation der Materialien zu Kurzschlüssen auf den aktiven Flächen führte. Die maximal mögliche Betriebstemperatur lag bei 70 °C. Die ermittelten Verläufe der prozentualen Spannungsanstiege für die *e-only* Strukturen vom Bphen und BAlq unterscheiden sich stark. Unter Verwendung von BAlq wurde ein konstanter Spannungsverlauf mit nur einem maximalen prozentualen Spannungsanstieg unterhalb 10 % bestimmt. Beim Einsatz von Bphen als intrinsisches Material stieg die Spannung zu Beginn erst schnell an und zeigte dann über den Zeitraum von 300 Stunden einen prozentualen Spannungsabfall von -70 % gegenüber der Startspannung. Dieser Spannungsabfall ist dabei die Folge der Diffusion des elektrischen Dotanten (Cs) in die intrinsische Schicht hinein. Dieser deutliche Ausgleich des Konzentrationsgefälles trat nur beim Bphen und nicht beim BAlq auf. Die Diffusion des elektrischen Dotanten bei 70 °C wird bei der Verwendung einer reinen Bphen-Schicht durch die geringe Glasübergangstemperatur (siehe Abschnitt 4.3) stark beeinflusst.

Für die Realisierung der langzeitstabilen *pin*-OLED-Architektur wurden Schichten und Schichtsysteme gefunden, die eine gezielte Untersuchung, insbesondere der Degradation von Matrix-Emitter Kombination, ermöglichen sollten. Die Langzeitstabilität der Ladungstransportperipherie ist eine essenzielle Voraussetzung, um die resultierende Degradationskinetik auf ein Minimum von überlagerten Prozessen beschränken zu können. Auf diesem Grundstein wurden alle weiteren OLED-Strukturen in dieser Arbeit aufgebaut. Für die Lochtransportseite wurde im folgenden immer eine Schichtenfolge aus α-NPD : MoO_3 20 % (HIL, 50 nm) / α-NPD (HTL, 10 nm) und für die Elektronentransportseite eine Schichtenfolge aus Bphen : Cs_2CO_3 (EIL, 50 nm) / BAlq (ETL, 10 nm) verwendet. Veränderungen des OLED-Aufbaus, bedingt durch weitere Optimierungsschritte der Elektronentransportseite, werden später direkt hervorgehoben und diskutiert. Die eingesetzten dotierten Transportschichten werden bei den folgenden Beschreibungen aller OLED-Architekturen nicht mehr zusätzlich angegeben, da hier nur noch die Veränderungen der intrinsischen Schichten diskutiert werden. Als Deckelektrode wurde immer eine 100 nm dicke Aluminiumschicht nach der Prozessierung der organischen Schichten abgeschieden.

Für die Dotierkonzentration der Emittermaterialien wurde fast ausschließlich eine Konzentration von 10 oder 15 % verwendet. Diese Unterschiede hängen mit der zeitlichen Entwicklung der Experimente zusammen. In einem direkten Vergleich der Dotierkonzentrationen (10 und 15 %, hier nicht vorgestellt) wurde eine leicht gesteigerte Stabilität der OLEDs bei einer Konzentration von 15 % festgestellt. Die Unterschiede waren jedoch klein im Vergleich zum Einfluss des verwendeten Matrixmaterials. In einem Ausnahmefall unter Verwendung einer speziellen Matrix wurde eine sehr geringe Dotierkonzentration genutzt (Abschnitt 6.1).

5.3 Langzeitstabile orange-rote *pin*-OLEDs

Auf der Basis der langzeitstabilen Ladungstransportschichten konnten die orange-rot emittierenden Triplett-Emitter IHF-TE-14, IHF-TE-15, IHF-TE-17 und $Ir(piq)_3$ in einer *pin*-OLED-Architektur auf ihre spezifische Langzeitstabilität hin untersucht werden. Als Emissionsschicht wurde zunächst eine 20 nm dicke Schicht aus α-NPD dotiert mit 10 % des jeweiligen Triplett-Emitters eingesetzt. α-NPD wurde in der Literatur bisher häufig als Matrixmaterial für orange-rot emittierende Triplett-Emitter verwendet und die Langzeitstabilität solcher Matrix-Emitter Systeme wurde bereits mehrfach gezeigt [13, 85].

Der *pin*-OLED-Aufbau der in diesen Untersuchungen betrachteten Bauelemente (5-IV (IHF-TE-14), 5-V (IHF-TE-15), 5-VI (IHF-TE-17), 5-VII ($Ir(piq)_3$)) ist in Abbildung 5.4 (a) zusammen mit den energetischen Lagen der Grenzorbitale einzelner Materialien dargestellt.

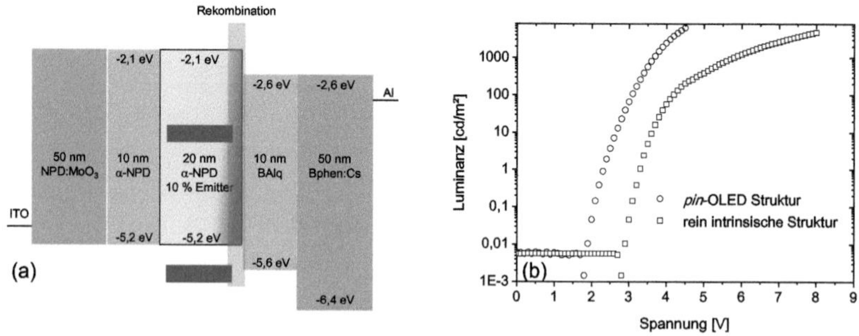

Abbildung 5.4: (a) OLED-Aufbau mit den energetischen Lagen der Grenzorbitale der verwendeten Materialsysteme (dunkelroter Balken symbolisiert Bereich der Grenzorbitale für Chinoxalin-Iridiumkomplexe) und der vermuteten Lokalisierung der Rekombinations- bzw. Emissionszone. (b) Vergleich der Luminanz/Spannung-Kennlinien für den rein intrinsischen (5-II, Quadrate) und den *pin*-OLED-Aufbau (5-V, Kreise) am Beispiel von IHF-TE-15.

Die Grenzorbitale der zu untersuchenden Chinoxalin-Iridiumkomplexe sind durch zwei dunkelrot eingefärbte energetische Bereiche dargestellt. Weiterhin ist auch die abgeschätzte Position der Ladungsträgerrekombinationszone an der Grenzfläche zwischen der Emissionsschicht und der Elektronentransport-/Lochblockerschicht BAlq hervorgehoben. Diese Vermutung begründet sich auf den vorwiegend lochleitenden Eigenschaften von α-NPD und auf der hohen energetischen Barriere (0,5 eV) zwischen den LUMO-Niveaus von BAlq und dem Matrixmaterial α-NPD. Bei vergleichbaren OLED-Strukturen konnte in früheren Arbeiten die vermutete Position der Rekombinationszone durch den Einsatz eines „Farbindikators" bestätigt werden [71].

Der Transport der Elektronen in der Emissionsschicht findet vermutlich vorwiegend auf den Transportniveaus der Emittermoleküle statt, dessen LUMO im Vergleich zur Matrix deutlich energetisch abgesenkt ist. Somit bilden die Emittermoleküle lokale Fallenzustände für die zu transportierenden Elektronen aus. Für die Injektion der Löcher in die Matrix existiert im Vergleich zu den Elektronen keine Barriere. Für die Lochinjektion aus der Matrix in die HOMO-Niveaus der Chinoxalin-Iridiumkomplexe besteht jedoch eine Barriere im Bereich zwischen 0,3 und 0,5 eV. Es ist aus diesem Grund zu vermuten, dass die HOMO-Niveaus der Emittermaterialien nicht zum Lochtransport beitragen und eine Besetzung dieser tiefliegenden Niveaus erst im Bereich einer hohen Löcherkonzentration direkt an der Grenzfläche zwischen Matrix und BAlq stattfindet. Es ist in diesem Fall davon auszugehen, dass sich das Elektron zunächst auf dem LUMO-Niveau des Emitters befindet, bevor es zu einer Bildung eines Exzitons kommt.

In Abbildung 5.4 (b) werden die Luminanz/Spannung-Kennlinien des intrinsischen Aufbaus 5-II aus Abschnitt 5.1 und der optimierten *pin*-OLED-Struktur 5-V am Beispiel des Emitters IHF-TE-15 miteinander verglichen. Durch die elektrisch dotierten Transportschichten wurde dabei ein Abfall der Einsatzspannung um 1,0 V erreicht. Diese Minimierung der Einsatzspannung ist auf die deutlich verminderten Injektionsbarrieren an den elektrischen Kontakten zurückzuführen. Wie bereits für die *h-only* und die *e-only* Strukturen gezeigt wurde, kann die Injektion in die elektrisch dotierten Transportschichten als nahezu ohmsch angesehen werden. Vergleicht man zusätzlich die Betriebsspannungen bei 100 und 1 000 cd/m^2, so ergibt sich ein Spannungsunterschied von 1,1 V (bei 100 cd/m^2) und 2,1 V (bei 1 000 cd/m^2), der für höhere Luminanzen weiter zunimmt.

Die Ergebnisse aus den Untersuchungen der resultierenden Luminanzdegradationen für die *pin*-OLEDs 5-IV bis 5-VII sind in Abbildung 5.5 dargestellt. Die Bauelemente wurden unter Verwendung der Standardprozedur bei konstantem Strom und einer Startleuchtdichte von 1 000 cd/m^2 über einen Zeitraum von 1 000 Stunden vermessen. Eine genauere Beschreibung der Messprozedur wurde bereits in Abschnitt 3.2.3 gegeben. Ein Vergleich der normierten Emissionsspektren vor und nach der Messung (nach 1 000 Stunden) ergab für alle in dieser Arbeit untersuchten Bauelemente keine Verschiebung in der Emissionscharakteristik. Im Gegensatz zu den vorangegangenen Untersuchungen der stationären Photolumineszenz in α-NPD wurde für die Elektrolumineszenz ein vollständiger Energietransfer zwischen Matrix und den Chinoxalin-Iridiumkomplexen beobachtet (kein Mitleuchten der Matrix α-NPD, siehe Abschnitt 4.2.3). Für die vermessenen OLEDs 5-IV–5-VII (Variation der Triplett-Emitter) ergaben sich dabei deutliche Unterschiede in deren zeitlicher Luminanzdegradation. Bei vergleichbaren Effizienzen wurden erhebliche Unterschiede in der Langzeitstabilität zwischen den unterschiedlichen Emittermaterialien festgestellt.

So wurden für die t_{50}-Luminanzlebensdauern der OLEDs 5-IV (IHF-TE-14) und 5-VI (IHF-TE-17) Werte von 512 respektive 1050 Stunden bestimmt. Im Unterschied dazu wurde für das Bauelement 5-V (IHF-TE-15) eine extrapolierte t_{50}-Luminanzlebensdauer von 13 500 Stunden erhalten. Auch in dem gemessenen Spannungsanstieg über 1 000 Stunden traten deutliche Unterschiede auf. Da jedoch der einzige Unterschied zwischen den einzelnen Bauelementen in der Verwendung unterschiedlicher Triplett-Emitter lag, können diese deutlichen Unterschiede innerhalb der untersuchten Materialklasse nur darin begründet sein. Alle vier verwendeten Emittermaterialien unterscheiden sich dabei deutlich in ihrer intrinsischen und damit vermutlich auch in ihrer chemischen Stabilität. Ein so großer Einfluss der unterschiedlichen

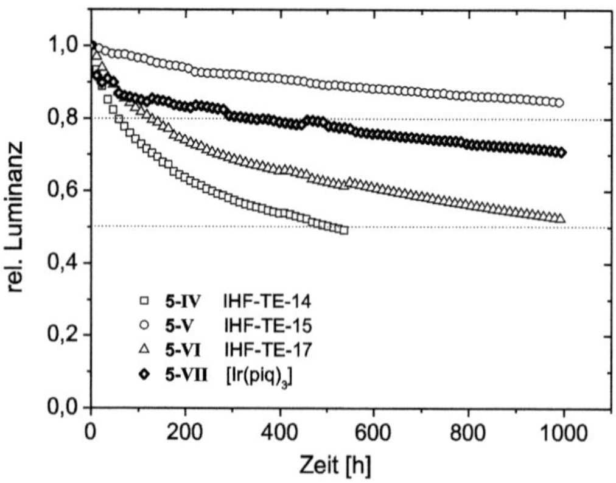

Abbildung 5.5: Vergleich der normierten Luminanzen für die OLED-Bauelemente 5-IV–5-VII über den Messzeitraum von 1 000 Stunden. Untersuchung der Langzeitstabilität der unterschiedlichen Chinoxalin-Iridiumkomplexe in der *pin*-OLED-Struktur mit α-NPD als Matrixmaterial.

Sättigungsliganden auf die Luminanzlebensdauer der resultierenden Bauelemente ist in der Literatur bisher nicht beschrieben worden.

Weitere Kenndaten zu Betriebsspannungen, Effizienzen und Degradationsuntersuchungen der OLEDs 5-IV–5-VII werden in Tabelle 5.2 zusammengefasst. Die mit dem *pin*-Aufbau erreichten Effizienzen lagen dabei unterhalb der zuvor bestimmten Effizienzen im rein intrinsischen Aufbau. Ein direkter Vergleich ist hier jedoch schwierig, da unterschiedliche Materialsysteme und insbesondere unterschiedliche Matrixmaterialien verwendet wurden. Vergleichbar sind hier jedoch die Ergebnisse mit dem kommerziellen Triplett-Emitter $Ir(piq)_3$, der in der gleichen Bauelementarchitektur untersucht wurde. Für das Bauelement VII ($Ir(piq)_3$) wurden im direkten Vergleich etwas niedrigere Effizienzen erreicht. Berücksichtigt man dabei die etwas rotverschobene Emission von $Ir(piq)_3$, so kann die zugrundeliegende externe Quantenausbeute beider OLEDs als nahezu gleich betrachtet werden. Dieser Vergleich verdeutlicht das Potential der neuen Chinoxalin-Iridiumkomplexe. Viel interessanter ist hingegen der direkte Vergleich der Lebensdauerdaten. Es zeigte sich hier, dass der neue Triplett-Emitter IHF-TE-15 (t_{80} = 1 700 Stunden, t_{50} = 13 500 Stunden) die bestimmten Luminanzlebensdauern des sehr langzeitstabilen Emitters $Ir(piq)_3$ (t_{80} = 345 Stunden, t_{50} = 3 500 Stunden) ebenfalls übertraf. In der Literatur wurden bisher mit $Ir(piq)_3$ Luminanzlebensdauern von etwa 100 000 Stunden

Tabelle 5.2: Elektrooptische Charakteristiken der OLED-Bauelemente 5-IV–5-VII.

	TE	λ_{max} [nm]	Einsatz-spannung [V]	Spannung [V] @cd/m^2		η_P / η_I [lm/W] / [cd/A] @1 000 cd/m^2	Lebensdauer [h]		ΔSpannung [V] @1 000 h
				100	1 000		t_{80}	t_{50}	
5-IV	IHF-TE-14	615	1,8	2,9	3,5	4,8 / 5,4	57	512	0,42
5-V	IHF-TE-15	613	1,8	3,1	3,7	4,5 / 5,3	1 700	13 500	0,04
5-VI	IHF-TE-17	630	1,8	2,8	3,5	3,9 / 4,3	126	1 050	0,21
5-VII	Ir(piq)$_3$	619	2,3	2,8	3,4	4,2 / 4,6	345	3 500	0,1

unter vergleichbaren Bedingungen berichtet [85]. Mit dem neuen Chinoxalin-Iridiumkomplex IHF-TE-15 steht somit ein sehr langzeitstabiles und effizientes Triplett-Emittersystem zur Verfügung. Die bei der Verwendung von α-NPD als Matrixmaterial erreichten extrapolierten Betriebslebensdauern (t_{50}) von über 10 000 Stunden (bei einer Startleuchtdichte von 1 000 cd/m^2) erfüllen viele Anforderungen, die für die Kommerzialisierung von OLEDs nötig sind. Für den kommerziellen Einsatz von OLEDs in Display- oder Beleuchtungselementen wurde in der Literatur häufig eine Luminanzlebensdauer von mehr als 10 000 Stunden für Betriebshelligkeiten zwischen 200 und 600 cd/m^2 als Referenz angegeben [63].

Durch die gestaffelte Optimierung der gesamten OLED-Struktur können diese Anforderungen mit dem entwickelten Bauelement 5-V erfüllt werden. Bevor jedoch eine weitere Optimierung des OLED-Aufbaus diskutiert wird, sollen die erhaltenen großen Unterschiede innerhalb der Klasse der Triplett-Emitter ergründet werden (siehe Tabelle 5.2). Wie bereits erwähnt, wurden die Auswirkungen unterschiedlicher Sättigungsliganden auf die Langzeitstabilität der OLED bisher nicht in der Literatur beschrieben. Unterschiedliche Grade der Verunreinigungen können dabei als einfachste Erklärung nahezu ausgeschlossen werden. Alle Chinoxalin-Iridiumkomplexe wurden chemisch aufgereinigt und nicht sublimiert. Alle chemischen Prozeduren waren dabei vergleichbar. Zusätzlich kommt hinzu, dass unterschiedliche Chargen des am häufigsten eingesetzten Triplett-Emitters IHF-TE-15 konstante Ergebnisse lieferten. Die Ergebnisse dieser Degradationsanalytik werden im folgenden Abschnitt vorgestellt und unter Berücksichtigung der theoretischen Hintergründe diskutiert.

5.4 Degradationsanalytik

In diesem Abschnitt werden Ergebnisse von thermischen Belastungstests der Triplett-Emitter IHF-TE-14, IHF-TE-15 und IHF-TE-17 miteinander verglichen. Für die Analytik wurden

HPLC und HPLC-MS Methoden eingesetzt. Zu Beginn sollen jedoch zunächst einmal bekannte Degradationspfade von Triplett-Emittern und deren Analytik diskutiert werden.

HPLC-MS Methoden wurden, wie bereits beschrieben, mehrfach in der Degradationsanalytik von spezifischen OLED-Materialien eingesetzt [70,74]. Hierbei wurde nach der elektrischen oder der photochemischen Degradation von OLED-Bauelementen die Metallelektrode abgelöst und die darunterliegenden Schichten analysiert. Unter der Annahme, dass bereits eine geringe Zunahme der Defektdichte innerhalb der OLED große Auswirkungen auf den Luminanzabfall hat, werden allgemein sehr sensitive Analytikmethoden benötigt, um Abbauprodukte direkt nachweisen zu können [69]. Neben der Massenspektrometrie wurden auch andere Technologien wie Sekundärionen-Massenspektrometrie [37,121] (SIMS), Rutherford-Rückstreuung [122] (RBS) und Röntgen-Photoelektronenspektroskopie [123] (XPS) zur Analytik von organischen Dünnfilmen eingesetzt. Alle diese Methoden können jedoch nicht zum Nachweis des einzelnen Moleküls oder Molekülions verwendet werden und eignen sich folglich nicht zur Analytik von Degradationsprodukten.

In der aktuellen Literatur wurden neue Degradationsmechanismen von Organometallkomplexen wie die verwendeten Triplett-Emitter oder der häufig eingesetzte Singulett-Emitter Alq_3 diskutiert. Hierbei wurde die Laserdesorptionsionisations-Methode (LDI) in Verbindung mit einem Flugzeit-Massenanalysator (engl.: time-of-flight – TOF) eingesetzt [76,109,124]. In den durchgeführten Untersuchungen wurden stark degradierte OLEDs im direkten Vergleich mit nicht betriebenen analogen Bauelementen verglichen. Für verschiedene Organometallkomplexe wurden Abbauprodukte (nur in degradierten OLED-Strukturen) detektiert, die auf Ligandenaustauschprozesse innerhalb der OLEDs hindeuteten. Ein Ligandenaustausch des acetylacetonat-Sättigungsliganden mit den in direkter Umgebung befindlichen Ladungstransportmaterialien wurde in OLEDs mit $(MDQ)_2Ir(acac)$ Bis(2-methyldibenzo-[*f,h*]quinoxaline)-iridium(III)-(acetylacetonat) nachgewiesen [109]. Auch für Alq_3 konnte ein Ligandenaustausch des Chinolinat-Liganden mittels der LDI-TOF Methode nachgewiesen werden.

Insbesondere die koordinativen Bindungen in Organometallkomplexen können aufgrund des diffusen Charakters der beteiligten Atomorbitale (Iridium *5d*) als schwächere chemische Bindungen im Vergleich zu rein kovalenten Bindungen angesehen werden. Die typischen Bindungsabstände der Liganden zum Iridiumzentrum wurden in phosphoreszenten Iridiumkomplexen zu etwa 2 Å bestimmt [89,125,126].

Neben der direkten Beobachtung eines Ligandenaustauschs wurden bereits zuvor viele Untersuchungen zu unterschiedlichen Koordinationsisomeren verschiedener Klassen von Triplett-Emittern durchgeführt. Eine Veranschaulichung der diskutierten Reaktionen der Koordinationssphäre von Organometallkomplexen ist in Abbildung 5.6 gegeben. Neben den dargestellten

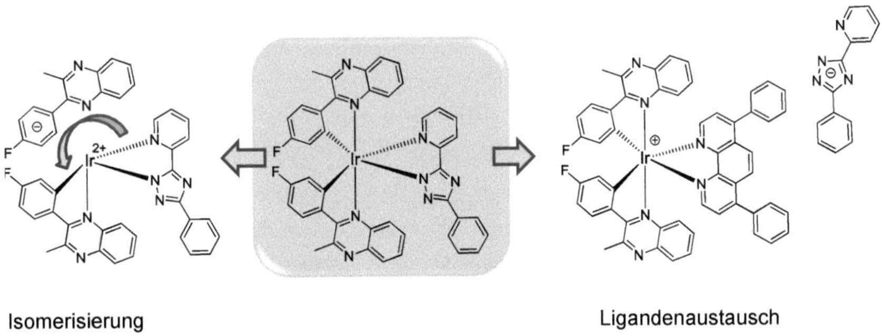

Abbildung 5.6: Veranschaulichung vermuteter und nachgewiesener Abbaureaktionen von Organometallkomplexen in OLEDs. Isomerisierung (links), Ligandenaustausch beispielhaft mit einem in der direkten Umgebung befindlichen Bphen-Molekül (rechts).

Prozessen des Ligandenaustauschs (Beispiel: Austausch eines Sättigungsliganden mit einem in der Nähe befindlichen Bphen-Molekül) und der Isomerisierung ist auch eine vollständige Abspaltung eines Liganden möglich. Als direkte Folge eines Ligandenaustauschs oder einer Ligandenabspaltung würden die veränderten Moleküle nicht mehr zur Emission beitragen können und Fallenzustände innerhalb der Bandlücke ausbilden.

Es zeigte sich für die Phenylpyridin-basierten Tris-Iridiumkomplexe[5], wie beispielsweise $Ir(ppy)_3$ und $Ir(ppz)_3$ Tris(1-phenylpyrazol)-iridium(III)), dass aus den Synthesen solcher Komplexe fast ausschließlich das thermodynamisch günstige faciale Isomer erhalten wird. Die thermodynamische Destabilisierung des meridionalen Isomers wurde dabei über den Trans-Effekt der C-Ir-C Bindung begründet. Für die Bindungslängen in meridionalen $Ir(ppz)_3$ Komplexen wurde eine signifikante Längung der Ir-C Bindung im Vergleich der Röntgenstrukturen beider Isomere festgestellt [61]. Für die Isomere des $Ir(ppy)_3$ wurde gezeigt, dass das meridionale Isomer andere photophysikalische Eigenschaften (geringe Quanteneffizienz) aufweist als das faciale und unter bestimmten Bedingungen thermisch oder photochemisch zum facialen Isomer reisomerisiert [127–129]. In diesem Fall werden Bindungen zu den Liganden gelöst und wieder neu ausgebildet.

Aufgrund der geringeren Symmetrie in heteroleptischen Iridiumkomplexen (wie auch die neuen Chinoxalin-Iridiumkonplexe) ist die Anzahl der möglichen Koordinationsisomere höher. Für heteroleptische Iridiumkomplexe gilt, dass insbesondere die Bindungen zwischen

[5] Diese Klasse von Iridiumkomplexen können aufgrund ihrer Symmetrie (Raumgruppe $P\bar{3}$) nur zwei unterschiedliche Koordinationsisomere (meridionale- und faciale-Anordnung) ausbilden.

Iridiumzentrum und den Koordinationspositionen des Sättigungsliganden signifikant länger sind [125]. Für die verwendeten Chinoxalin-Iridiumkomplexe wurde als thermodynamisches Produkt eine N-N trans Anordnung der Chinoxalinliganden im meridionalen Iridiumkomplex erhalten [89, 96]. Die Bindungslängen für IHF-TE-15 wurden per Röntgenstrukturanalyse zu Ir-C 1,98–1,99 Å, Ir-N(Chinoxalin) 2,06–2,07 Å und Ir-N(triazolat) 2,15–2,21 Å bestimmt.

Alle bisherigen Arbeiten haben gezeigt, dass die Koordinationssphäre um das Iridiumzentrum keiner fixierten Anordnung unterliegt, sondern dass durchaus Bindungen gelöst, Liganden ausgetauscht oder Liganden neu angeordnet (Isomerisierung) werden können.

Bezogen auf die in dieser Arbeit erhaltenen Ergebnisse zum Einfluss des Sättigungsliganden kann vermutet werden, dass die starken Unterschiede in der Langzeitstabilität der eingesetzten Chinoxalin-Iridiumkomplexe auf die Koordinationsstabilität der unterschiedlichen Liganden in der Ligandensphäre zurückgeführt werden können.

Um diesbezüglich mehr Informationen über die eingesetzten Chinoxalin-Iridiumkomplexe zu erhalten, wurde die thermische Stabilität von IHF-TE-14, IHF-TE-15 und IHF-TE-17 in Temperaturdauertests untersucht. Diese Untersuchungen wurden unter dem Gesichtspunkt durchgeführt, dass die Koordinationsstabilität (Ligandenabspaltung, Isomerisierung) im Bauelement oder mögliche dissoziative Prozesse über die thermische Belastung simuliert werden können. Ebenfalls sollten anhand dieser Tests auch die thermischen Belastungen während der Prozessierung (Temperaturen von etwa 250 °C) betrachtet werden. Für die Durchführung wurden die organischen Substanzen unter Vakuum in Quarzglasampullen eingebracht (siehe Abbildung 5.7) und für die Dauer von 120 Stunden bei den Temperaturen von 200 °C, 250 °C und 300 °C temperiert. Nach der Temperierung wurden alle organischen Materialien mittels HPLC untersucht. Die dabei verwendete Methodik und der apparative Aufbau wurden bereits in Abschnitt 3.3.3 beschrieben.

Die Ergebnisse der HPLC-Analytik von IHF-TE-14 (picolinat-Sättigungsligand) und IHF-TE-17 (acetylacetonat-Sättigungsligand) sind in Abbildung 5.8 gegeben. Die Chromatogramme sind von links nach rechts nach ansteigender Temperatur geordnet. Der zur Ausgangssubstanz gehörende Peak ist in den Abbildungen immer mit einem Pfeil gekennzeich-

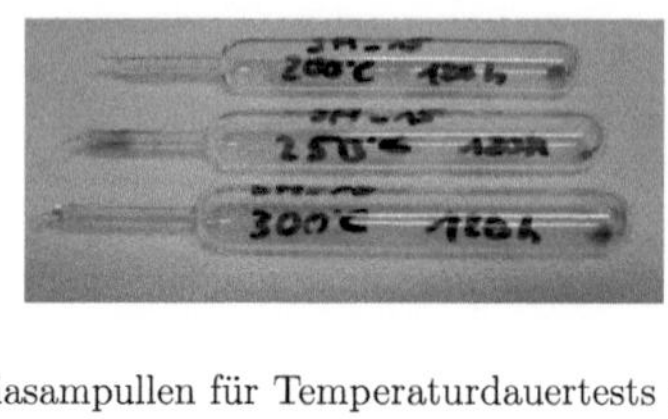

Abbildung 5.7: Quarzglasampullen für Temperaturdauertests der Emittermaterialien.

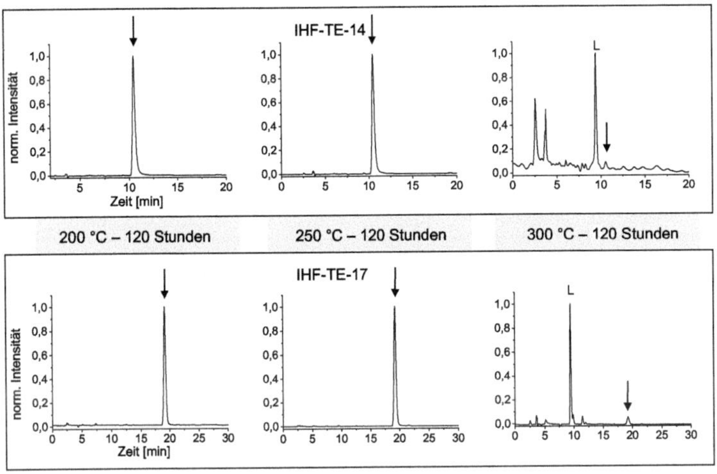

Abbildung 5.8: HPLC-Analytik von IHF-TE-14 (oben) und IHF-TE-17 (unten) nach Temperaturdauertests von 120 Stunden bei 200, 250 und 300 °C.

net. Als resultierende Retentionszeiten wurden 10,5 Minuten (IHF-TE-14) und 19,2 Minuten (IHF-TE-17) für die gegebenen Messbedingungen erhalten. Für die Dauertests bei den Temperaturen von 200 °C und 250 °C wurde die Reinheit der eingesetzten Substanzen zwischen 98 % und 100 % bestimmt. Mit steigender Temperatur wurde ein zweiter Peak bei der Retentionszeit von 9,4 Minuten detektiert, dessen Peakfläche für beide Emitter jedoch unterhalb von 0,6 % bei 250 °C betrug. Betrachtet man folgend die HPLC-Analytik der Messungen bei 300 °C, so ist eine deutliche Zersetzung der ursprünglichen Iridiumkomplexe festzustellen. Der Anteil an der Gesamtpeakfläche beträgt nur noch 3 % für IHF-TE-14 und 10 % für IHF-TE-17. Der bereits zuvor detektierte Peak bei der Retentionszeit von 9,4 Minuten stellt hierbei mit 27 % (IHF-TE-14) und 55 % (IHF-TE-17) das Hauptabbauprodukt beider Iridiumkomplexe dar. Der zur Retentionszeit von 9,4 Minuten gehörende Peak in den Untersuchungen aller drei Iridiumkomplexe konnte über Absorptionsmessungen (DAD-Detektor) dem freien Chinoxalinliganden (Ligandenabspaltung) zugeordnet werden und ist immer mit L (freier Ligand) gekennzeichnet. Neben dem freien Chinoxalinliganden sind auch noch viele weitere Abbauprodukte deutlich zu erkennen. Eine Zuordnung zu spezifischen Fragmenten konnte jedoch nicht erfolgen, da keine direkte Kopplung zwischen HPLC-MS zur Verfügung stand.

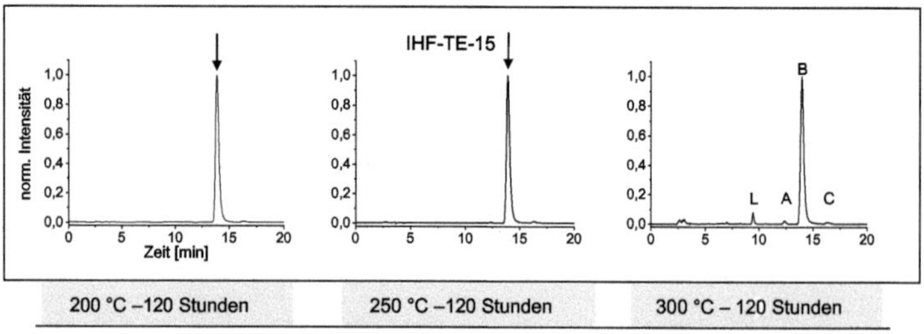

Abbildung 5.9: HPLC-Analytik des Triplett-Emitters IHF-TE-15 nach Temperaturdauertests von 120 Stunden bei 200, 250 und 300 °C.

Diese deutliche thermische Zersetzung der Triplett-Emitter IHF-TE-14 und IHF-TE-17 deutet auf eine instabile Koordinationssphäre der beiden Komplexe hin.

Im Gegensatz zu den bisher diskutierten Emittermaterialien (IHF-TE-14 und IHF-TE-17) zeigte der langzeitstabile IHF-TE-15 (triazolat-Sättigungsligand) ein differenziertes Ergebnis nach den Temperaturdauertests. Die HPLC-Analytik von IHF-TE-15 ist in Abbildung 5.9 gegeben. Vergleicht man die Stabilität aller Triplett-Emitter bei 300 °C so zeigt sich, dass der ursprüngliche Iridiumkomplex (B) mit einer Retentionszeit von 14,0 Minuten und einem Peakflächenanteil von 92 % nur zu einem sehr geringen Anteil thermisch abgebaut wurde. Für den freien Liganden (L) wurde nur ein Peakflächenanteil von 4 % bei 300 °C bestimmt. Neben diesen beiden Peaks wurden noch zwei weitere Substanzen detektiert, die in Abbildung 5.9 mit A und C gekennzeichnet sind (A–12,3 Minuten; C–16,3 Minuten). Die mit A und C gekennzeichneten Produkte waren unbekannt und wurden nach der Fraktionierung mittels ESI-MS charakterisiert. Beispielhaft sind die Ergebnisse der ESI-Massenspektrometrie der unbekannten Substanz A in Abbildung 5.10 dargestellt. Die Prozessparameter für die ESI-MS Analytik wurden bereits in Abschnitt 3.3.3 gegeben.

Im EMS-Modus (Abbildung 5.10 (a)) wurden die unfraktionierten Molekülionen als Wasserstoff- (889,1 amu) und Natriumaddukte (911,1 amu) erhalten. Dieses Ergebnis liefert für die Substanz A die zugehörige Masse von 888 g/mol. Das Isotopenmuster (geprägt vom Iridium-Atom) des Molekülions ist dabei vergrößert in Abbildung 5.10 (a) abgebildet. Die Masse von 888 g/mol entspricht dabei der Ursprungsmasse von IHF-TE-15. Auch für die Fraktionen B und C konnte die Masse von 888 g/mol bestätigt werden. Mit sehr großer Wahrscheinlichkeit kann es sich bei den Substanzen A und C somit nur um Koordinationsisomere des ursprünglichen Triplett-Emitters IHF-TE-15 (B) handeln. In einer weiteren Untersuchung wurde das Molekülion bei 889,1 amu selektiert und fragmentiert, um Informationen über mögliche

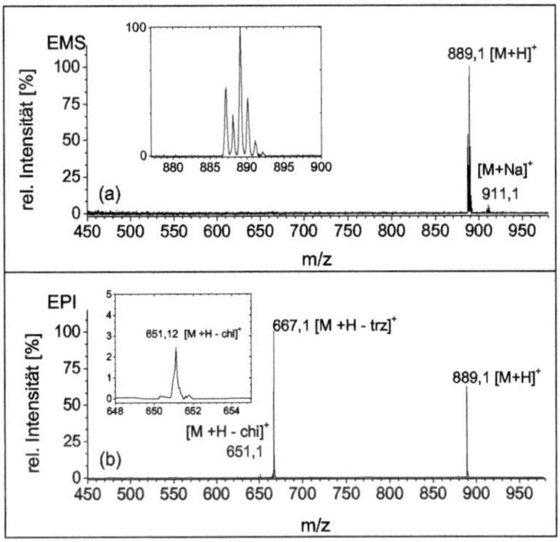

Abbildung 5.10: ESI-Massenspektrometrie nach Fraktionierung an HPLC, hier beispielhaft für Isomer IHF-TE-15 A. (a) EMS-Modus (Ionisation mittels Elektrospray) im Bereich zwischen 450 amu und 980 amu mit Vergrößerung des Isotopenmusters des Molekülions. (b) EPI-Modus (Selektion und gezielte Fragmentierung).

Abbaumechanismen zu gewinnen. Dabei ergaben sich für alle drei Isomere vergleichbare Fragmentierungsmuster. Das dominierende Fragment wurde bei 667,1 amu erhalten. Der Massenverlust von 222 amu entspricht dabei der Abspaltung des triazolat-Sättigungsliganden. Das Fragment bei 651,1 amu, welches einer Abspaltung des Chinoxalinliganden entsprechen würde, wurde nur zu einem viel geringeren Anteil detektiert (Vergrößerung Abbildung 5.10 (b)).

Neben der massenspektrometrischen Untersuchung konnte die Isomerisierung auch über die Absorptionsspektren und die Photolumineszenz in Lösung nachgewiesen werden. Die maximalen Emissionswellenlängen λ_{max} von 605 nm (Isomer B), 627 nm (Isomer A) und 609 nm (Isomer C) wurden nach Fraktionierung in Dichlormethan bestimmt.

Über die Nutzung der Massenspektrometrie konnte eine direkte Zuordnung der Signale im HPLC-Chromatogramm zu Koordinationsisomeren von IHF-TE-15 erreicht werden. Um welche der vier möglichen Koordinationsisomere des Iridiumkomplexes IHF-TE-15 es sich im speziellen handelt, kann mit dieser Methode nicht geklärt werden. Das Koordinationsisomer des ursprünglichen Komplexes (IHF-TE-15 B) wurde über Röntgenstrukturanalyse bestimmt und zugeordnet (siehe Abbildung 5.11, B N-N trans 1).

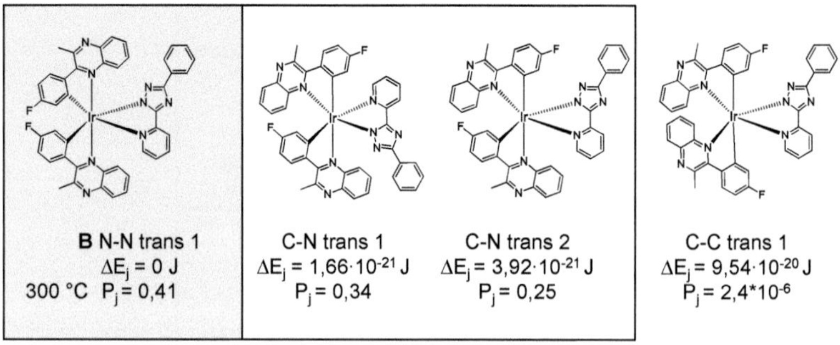

Abbildung 5.11: Darstellung der vier möglichen Koordinationsisomere von IHF-TE-15 mit ihren Bezeichnungen und Angabe der Energiedifferenzen ΔE_j zwischen den Absolutenergien der nach DFT-Rechnungen geometrieoptimierten Grundzustände in Joule und der Besetzungswahrscheinlichkeit P_j nach Gibbs-Boltzmann-Statistik bei 300 °C.

Zusätzliche DFT-Rechnungen haben gezeigt (siehe Abschnitt 3.3.5), dass aus den Absolutenergien der Grundzustände, nach Geometrieoptimierung aller vier möglichen Koordinationsisomere, Schlussfolgerungen zur Besetzungswahrscheinlichkeit der energetisch niedrigsten Zustände gezogen werden können. Alle möglichen Koordinationsisomere sind in Abbildung 5.11 gegeben. Neben ihren Bezeichnungen sind auch die Energieunterschiede ΔE_j der Grundzustände zum energetisch niedrigsten N-N trans 1 Isomer in Joule angegeben. Berechnungen nach der Gibbs-Boltzmann-Statistik [20]

$$P_j = \frac{e^{-\frac{\Delta E_j}{kT}}}{\sum\limits_j e^{-\frac{\Delta E_j}{kT}}} \tag{5.1}$$

mit P_j der Besetzungswahrscheinlichkeit haben gezeigt, dass auch bei einer Temperatur von 300 °C nur drei der vier möglichen Isomere eine relevante thermische Besetzungswahrscheinlichkeit P_j aufweisen (siehe auch Abbildung 5.11). Der Grundzustand des als C-C trans 1 bezeichneten Isomers weist eine zu hohe Energiedifferenz ΔE_j für eine thermische Besetzung auf.

Anhand der gefundenen höheren Temperaturstabilität von IHF-TE-15 und der Tendenz zur Isomerisierung, unterscheidet sich dieser grundlegend von den zwei anderen untersuchten Vertretern der Substanzklasse der Chinoxalin-Iridiumkomplexe. In der Tabelle 5.3 sind noch einmal die erhaltenen Peakflächenverhältnisse aller über HPLC charakterisierten Proben

Tabelle 5.3: Peakflächenverhältnisse der über HPLC untersuchten Feststoffproben von IHF-TE-15.

Typ	Retentionszeit [min]	Peakflächenverhältnisse [%]				
		200 °C[a]	250 °C[a]	300 °C[a]	Referenz	Tiegelrest[b]
L	9,4	–	–	3,8	–	0,3
A	12,3	0,9	0,6	1,8	0,4	2,8
B	14,0	97,7	97,7	91,7	99,2	94,9
C	16,3	1,4	1,7	1,7	0,4	1,5
Rest	–	–	–	1	–	0,5

[a] Temperaturdauertests über 120 Stunden in Quarzglasampulle. [b] Messung des nach etwa 15 Prozessierungen im Tiegel verbliebenen Rests an IHF-TE-15.

von IHF-TE-15 zusammengefasst. Aus allen Untersuchungen geht eindeutig hervor, dass der Iridiumkomplex IHF-TE-15 als einziger Vertreter, der untersuchten Gruppe von Komplexen zur Bildung von Koordinationsisomeren neigt. Die Isomere A und C wurden anteilsweise in allen untersuchten Proben, sogar bereits in der Referenzprobe, nachgewiesen.

Die hier durchgeführten und beschriebenen Untersuchungen zeigen einen direkten Zusammenhang zwischen der Temperaturstabilität der Iridiumkomplexe und den in der OLED festgestellten Langzeitstabilitäten. Für den intrinsisch stabilsten Triplett-Emitter IHF-TE-15 wurde in den Temperaturtests eine sehr stabile Koordinationssphäre nachgewiesen. Im Gegensatz zu IHF-TE-14 und IHF-TE-17 konnte nur ein geringer Zersetzungsgrad festgestellt werden. Ob die hier untersuchte Stabilität der Koordinationssphäre tatsächlich Auswirkungen auf die intrinsische Stabilität innerhalb der OLED hat, konnte nicht geklärt werden.

Nach diesen Erkenntnissen wurde im weiteren Verlauf der Optimierung von OLED-Bauelementen nur noch der langzeitstabilste Triplett-Emitter IHF-TE-15 genutzt.

6 Optimierung der Langzeitstabilität

In Kapitel sechs werden Optimierungskonzepte zur Steigerung der Langzeitstabilität der orange-roten OLEDs unter Verwendung von IHF-TE-15 präsentiert. Die dabei eingesetzten Konzepte stützen sich auf die bereits im Abschnitt 2.3 diskutierte Grundlage der stark lokalisierten Rekombinationszone. Ziel der Optimierung war es somit immer, neben einer guten Ladungsträgerbalance, eine möglichst große Verbreiterung der Rekombinationszone zu erreichen, um die materialspezifische intrinsische Degradation zu limitieren. Es wird gezeigt, dass durch Nutzung von Mischmatrixsystemen aus Loch- und Elektronentransportmaterialien und Variation der Elektronentransportmaterialien die Luminanzlebensdauern deutlich gesteigert werden konnten. Mit den optimierten Bauelementen werden ebenfalls Messungen der Luminanzlebensdauern bei erhöhter Temperatur und unterschiedlichen Startleuchtdichten präsentiert und diskutiert.

6.1 Variation der Matrixmaterialien

Um ein tiefergehendes Verständnis der Luminanzdegradation zu erlangen, werden die Ergebnisse von OLED-Bauelementen mit alternativen Matrixmaterialien vorgestellt und diskutiert. Wie bereits beschrieben, wurde bei der Verwendung von α-NPD als Matrixmaterial von einer löcherdominierten Emissionsschicht ausgegangen. Die Rekombinationszone wurde an der Grenzfläche zwischen der Emissionsschicht und dem Elektronentransporter-/Lochblocker (BAlq) erwartet. Anstelle von α-NPD wurden weiterhin die vorwiegend elektronenleitenden Matrixmaterialien BAlq und $Bebq_2$ (Bis(10-hydroxybenzo[h]quinolinato)-beryllium(II) und das ambipolare (löcher- und elektronenleitende) Material TPAQn (4-diphenylaminophenyl)-chinoxalin) eingesetzt.

Langzeitstabile rot-orange OLEDs unter Verwendung von BAlq als Matrixmaterial wurden bereits in der Literatur beschrieben [85]. Vergleicht man die Ladungsträgerbeweglichkeiten für Löcher und Elektronen in BAlq, so ist fast ausschließlich von einem Elektronentransport in reinen BAlq Schichten auszugehen [43, 130]. Das zweite verwendete Matrixmaterial $Bebq_2$ wurde ebenfalls häufig aufgrund der hohen Elektronenbeweglichkeit anstelle der

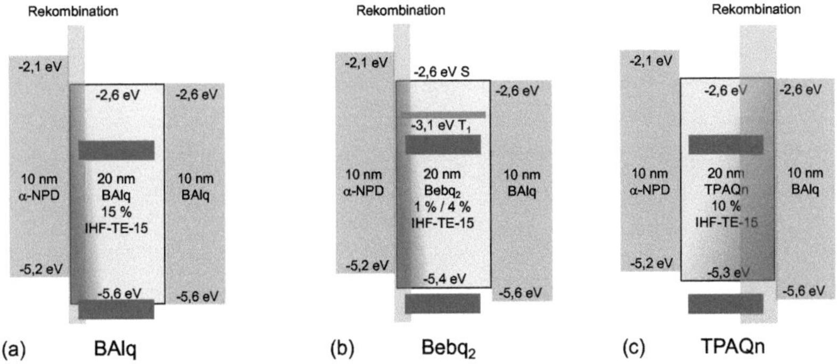

Abbildung 6.1: OLED-Aufbau mit energetischen Lagen der Grenzorbitale der verwendeten Materialsysteme und abgeschätzter Position der Rekombinationszone. (a) BAlq: langzeitstabiles elektronendominiertes Matrixmaterial, (b) $Bebq_2$: elektronendominiertes Matrixmaterial mit kleiner Bandlücke (T_1 -3,1 eV), (c) TPAQn: ambipolares Matrixmaterial mit kleiner Bandlücke.

Aluminiumchinolinate Alq_3 und BAlq als Elektronentransport- oder auch Matrixmaterial eingesetzt [131, 132]. Die feldabhängige Elektronenbeweglichkeit für $Bebq_2$ wurde im Bereich um $10^{-5}cm^2/Vs$ bestimmt [133]. $Bebq_2$ stellt noch eine zusätzliche Besonderheit dar. Für dieses Matrixmaterial wurde im Zusammenhang mit dem Emitter $Ir(piq)_3$ ein hocheffizienter Energietransfer zwischen den Triplett-Niveaus im $Bebq_2$ und den Triplett-Niveaus von $Ir(piq)_3$ nachgewiesen. Eine hohe Dotierkonzentration des Triplett-Emitters von etwa 10 %, wie sie in Matrixmaterialien mit großem Bandabstand nötig ist, kann durch den Einsatz von $Bebq_2$ als Matrix auf ein Minimum von 1 % reduziert werden. Luminanzlebensdauerergebnisse orangeroter phosphoreszenter OLEDs unter Verwendung von $Bebq_2$ sind bisher nicht bekannt. Die Verwendung einer so niedrigen Dotierkonzentration führt dabei zu einer starken Minimierung der Triplett-Triplett Luminanzlöschung. Das dritte Matrixmaterial wurde ausgewählt, da durch die sowohl löcher- als auch elektronentransportierenden Eigenschaften eine Verbreiterung der Rekombinationszone erwartet wurde. TAPQn wurde zuvor in der Literatur als Matrixmaterial beschrieben, ist aber kommerziell nicht erhältlich und wurde deshalb am IHF hergestellt [134–136].

Die energetischen Lagen der Grenzorbitale aller verwendeten Materialien sind für die vier realisierten OLED-Bauelemente 6-I (15 % IHF-TE-15 in BAlq), 6-II (1 % IHF-TE-15 in $Bebq_2$), 6-III (4 % IHF-TE-15 in $Bebq_2$) und 6-IV (10 % IHF-TE-15 in TPAQn) in Abbildung 6.1 abgebildet. Die vermutete Position der Rekombinationszone für die einzelnen Bauelemente ist ebenfalls hervorgehoben. Für die elektronendominierten Matrixmaterialien BAlq und $Bebq_2$ wird von einer Rekombination an der Grenzfläche zwischen der Emissionsschicht und der Lochtransportschicht (α-NPD) ausgegangen. Wie bereits beschrieben, ist ein Transport der Löcher über die Transportzustände der Emitter auch mit einer zu überwindenden energetischen Barriere verbunden. Für das Matrixmaterial $Bebq_2$ ist neben dem Singulett-Niveau auch noch die Lage der Triplett-Niveaus gekennzeichnet. Ohne weitere Daten über die tatsächlichen Ladungsträgerbeweglichkeiten in TPAQn wird von einem ausgeprägteren Löchertransport der Arylaminperipherie ausgegangen. Die tiefliegenden Fallenzustände von IHF-TE-15 erschweren dabei zusätzlich den Elektronentransport.

Alle Kenndaten der OLEDs 6-I–6-IV sind in Tabelle 6.1 zusammengefasst. Im Vergleich zum Bauelement (5-V) mit α-NPD als Matrixmaterial wurden mit den Matrizen $Bebq_2$ (6-II, 6-III) und TPAQn (6-IV) ähnlich niedrige Einsatz- und Betriebsspannungen erreicht. Die erzielten Effizienzen mit der 1 %igen Dotierung des Emitters in $Bebq_2$ übertrafen dabei sogar die Effizienzen für das Bauelement V unter Verwendung von α-NPD als Matrixmaterial. Trotz einer Dotierung von nur 1 % wurde ein vollständiger Energietransfer beobachtet. Auch bei höheren Stromdichten konnte keine Elektrolumineszenz der Matrix beobachtet werden.

Für die OLED mit BAlq wurden die niedrigsten Effizienzwerte aller bisher vorgestellten Bauelemente erhalten. Es wurde für BAlq ein schneller Abfall (*roll-off*) der Effizienzen für höhere Leuchtdichten gefunden. Unter Verwendung von BAlq als Matrix konnte die für die Messung der Luminanzdegradation gewählte Startleuchtdichte erst bei einer Betriebsspannung von 4,6 V erreicht werden. BAlq stellt aufgrund seiner geringen intrinsischen Leitfähigkeit für Elektronen und der lochblockenden Eigenschaften kein ideales Matrixmaterial für hocheffiziente orange-rote OLEDs dar. Wie jedoch an diesem Beispiel sehr gut zu erkennen ist, können keinerlei Abschätzungen aus den Effizienzdaten unterschiedlicher OLEDs auf die resultierenden Betriebslebensdauern gemacht werden.

Die gemessenen Luminanzdegradationen und die resultierenden Spannungsanstiege sind für den Messzeitraum in Abbildung 6.2 gegeben. Trotz der geringen Effizienzen konnte für das Bauelement 6-I unter Verwendung des Matrixmaterials BAlq eine t_{50}-Luminanzlebensdauer von 4 800 Stunden extrapoliert werden. Für die anderen beiden elektronendominierten Bauelemente 6-II (1 % in $Bebq_2$) und 6-III (4 % in $Bebq_2$) ergaben sich etwas geringere extrapolierte t_{50}-Luminanzlebensdauern von 2 100 respektive 3 300 Stunden. Unter Vernachlässigung des starken initialen Spannungsanstiegs in Bauelement 6-I, kann der resultierende prozentuale Spannungsanstieg über den Zeitraum von 1 000 Stunden aller elektronendominierter OLEDs als vergleichbar angesehen werden. Der direkte Zusammenhang zwischen Luminanzdegradation und Spannungsanstieg ist dabei in Abbildung 6.2 deutlich zu erkennen.

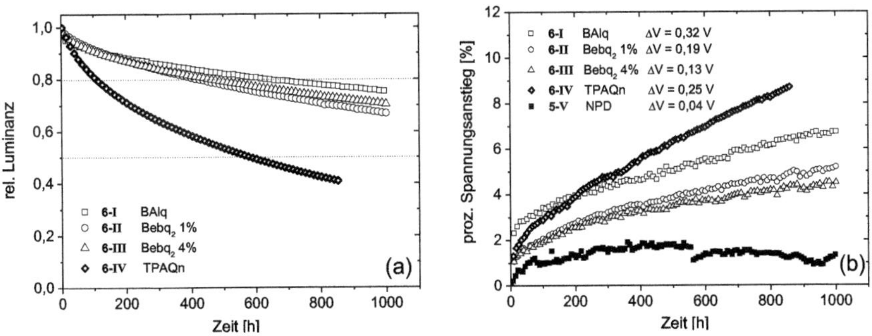

Abbildung 6.2: (a) Luminanzdegradation für die OLED-Strukturen 6-I–6-IV (elektronendominierte Matrix), (b) Vergleich des prozentualen Spannungsanstiegs aller bisherigen Bauelemente unter Verwendung von IHF-TE-15.

Tabelle 6.1: Elektrooptische Charakteristiken der OLED-Bauelemente 6-I–6-IV unter Nutzung des langzeitstabilen Emitters IHF-TE-15 in elektronendominierten und ambipolaren Matrixmaterialien.

		Einsatzspannung [V]	Spannung [V] @cd/m^2		η_P / η_I [lm/W] / [cd/A] @1 000 cd/m^2	Lebensdauer [h]		ΔSpannung [V] @1 000 h
	MM		100	1 000		t_{80}	t_{50}	
6-I	BAlq	1,9	3,5	4,6	2,6 / 3,8	640	4 800	0,32
6-II	Bebq$_2$ 1 %	1,8	3,1	3,6	4,7 / 5,4	420	2 100	0,19
6-III	Bebq$_2$ 4 %	1,8	3,1	3,7	4,1 / 4,8	460	3 300	0,13
6-IV	TPAQn	1,8	3,1	3,6	3,9 / 4,5	105	590	0,25

Verglichen mit der Degradation von Bauelement 5-II (Matrix α-NPD) ist in den elektronendominierten OLEDs vermutlich die schneller steigende Defektdichte in der Emissionszone für den Spannungsanstieg und die Luminanzdegradation verantwortlich. Bei Verwendung des intrinsisch leitfähigeren Bebq$_2$ ist zusätzlich von einer höheren Exzitonendichte an der Grenzfläche zwischen Lochtransporter und Emissionsschicht auszugehen. Diese Exzitonendichte wird dabei wieder von der Emitterkonzentration (höhere Anzahl von Fallenzuständen für Elektronen) beeinflusst. Die etwas höhere Lebensdauer der OLED mit der höheren Dotierkonzentration kann dabei vermutlich auf diesen Effekt zurückgeführt werden. Mit den aus den Emitter-Matrix-Kombinationen für elektronendominierte Emissionsschichten gewonnenen

Daten, kann von einer hohen chemischen Stabilität der Matrixmaterialien BAlq und $Bebq_2$ gegenüber freien Ladungsträgern und Exzitonen ausgegangen werden.

Das Bauelement 6-IV (TPAQn) weist im direkten Vergleich die niedrigste Luminanzlebensdauer aller bisher mit dem Emitter IHF-TE-15 untersuchten Matrizen auf. Ein solches Ergebnis liefert dabei eindeutige Hinweise auf die chemische Instabilität des verwendeten Matrixmaterials. Mit der optimierten, langzeitstabilen *pin*-OLED-Struktur kann das Potential der Matrix-Emitterkombination direkt bewertet werden. Von der weiteren Verwendung von TPAQn wurde aus diesem Grund abgesehen. Über die chemischen Ursachen der deutlich ausgeprägteren intrinsischen Degradation können jedoch ohne weitere gezielte Untersuchungen keinerlei Informationen gewonnen werden.

6.2 Mischmatrixsysteme

Bisher wurden die Ergebnisse des neuen Triplett-Emitters IHF-TE-15 in löcherdominierten und elektronendominierten Matrixmaterialien vorgestellt. Als Resultat wurden α-NPD (löcherdominiert) und BAlq (elektronendominiert) als intrinsisch sehr langzeitstabile Matrixmaterialien verifiziert. Die in den bisher betrachteten OLEDs vorherrschende Dominanz nur einer Ladungsträgersorte in der Emissionsschicht, führte zu einer starken Lokalisierung der Exzitonendichte an einer der Grenzflächen. Unter der Voraussetzung, dass die Emittermaterialien in der Rekombinationszone und deren direkter Umgebung die wichtigste Rolle für das Phänomen der Luminanzdegradation spielen, ist es nötig die Rekombinations- und die Emissionszone über einen breiteren Bereich auszudehnen. Durch die Reduzierung der lokalen Exzitonendichten wird die Wahrscheinlichkeit eines irreversiblen Prozesses auf dem Emittermaterial oder in seiner direkten Umgebung reduziert. Die Belastung wird auf eine größere Anzahl von Molekülen verteilt, die bei einer stark lokalisierten Emissionszone nicht zur Emission beitragen würden. Weiterhin wird bei einer Verbreiterung der Emissionszone ebenfalls der Einfluss von lokalen Defekten (Luminanzlöschung, nichtstrahlende Rekombinationszentren) vermindert.

Eine solche angestrebte Verbreiterung der Rekombinations- und Emissionszone kann nur über die Kontrolle und Anpassung der Ladungsträgerbalance in der Emissionsschicht und in die Emissionsschicht hinein erfolgen. In Abbildung 6.3 sind zwei der in der Literatur verwendeten Konzepte zur Steigerung der Effizienzen und der Luminanzlebensdauern dargestellt. Im OLED-Aufbau 6.3 (a) wird der Triplett-Emitter in eine doppelte Emissionsschicht, bestehend aus zwei unterschiedlichen Matrixmaterialien, eindotiert. Mit der Struktur der doppelten Emissionsschicht konnte in der Literatur eine Steigerung der Effizienzen und auch der

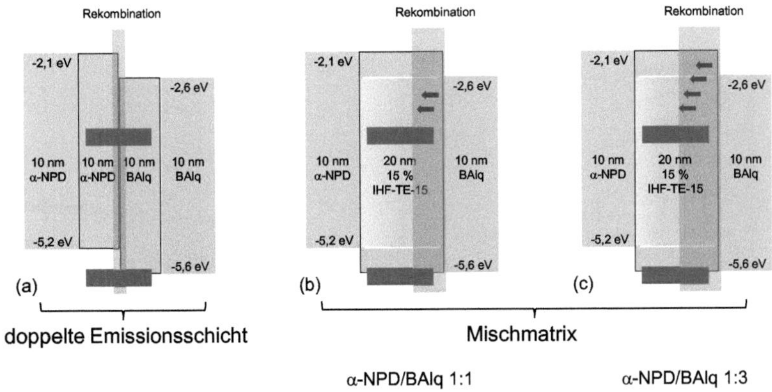

Abbildung 6.3: OLED-Aufbau mit energetischen Lagen der Grenzorbitale der verwendeten Materialsysteme und abgeschätzter Position der Rekombinationszone. (a) Doppelte Emissionsschicht aus jeweils 10 nm α-NPD und BAlq, (b) Matrixmischung α-NPD / BAlq 1:1, (c) Matrixmischung α-NPD / BAlq 1:3.

Lebensdauern gezeigt werden [82,137–139]. Insbesondere der *roll-off* der Effizienzen für höhere Luminanzen oder Stromdichten konnte mit dieser Struktur reduziert werden. Der Nachteil der doppelten Emissionsschicht ist jedoch wieder die stark lokalisierte Rekombinationszone an der Grenzfläche beider Emissionsschichten.

Der in dieser Arbeit verwendete Ansatz der Mischmatrix ist in 6.3 (b) und (c) abgebildet. Nach der Analyse der zuvor ermittelten Daten wurde eine Kombination aus dem Lochtransportmaterial α-NPD und dem Elektronentransportmaterial BAlq für eine Mischmatrix gewählt. Beide einzelnen Materialien hatten sich zuvor als intrinsisch stabil erwiesen. Es wurden für die Mischmatrix zwei feste Mischungsverhältnisse von 1:1 und 1:3 α-NPD zu BAlq mit einer Dotierkonzentration von 15 % des Triplett-Emitters IHF-TE-15 untersucht. In der Literatur wurde für die Mischung dieser beiden Materialien ein ambipolarer Ladungstransport nachgewiesen [43,130]. Genauer gesagt wurden exakt für eine 1:1 Mischung eine nahezu äquivalente Loch- und Elektronenbeweglichkeit berichtet. Die angenommene Position der Rekombinationszonen für die Mischmatrixbauelemente sind in Abbildung 6.3 (b) und (c) deutlich verbreitert abgebildet. Die immer noch einseitige Position begründet sich auf der geringeren intrinsischen Leitfähigkeit der reinen BAlq-Schicht. Die Nutzung von Matrixmischungen für langzeitstabile und effiziente OLEDs wurde ebenfalls mehrfach in der Literatur beschrieben [140–143].

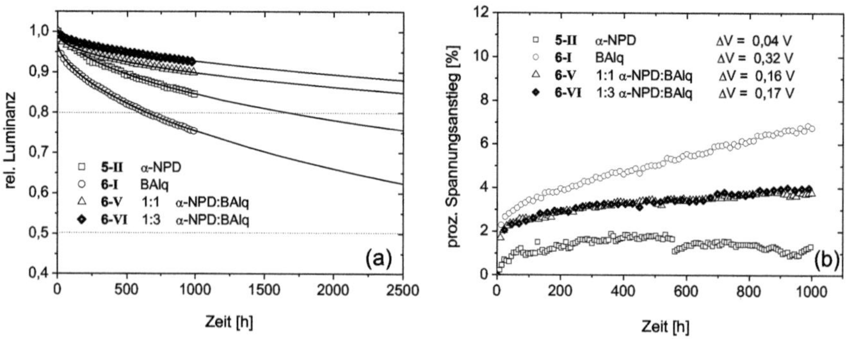

Abbildung 6.4: Luminanzdegradation (a) für die OLED-Strukturen 5-II, 6-I, 6-V und 6-VI mit dazugehörigen mathematischen Extrapolationen. (b) Vergleich des prozentualen Spannungsanstiegs über den Zeitraum von 1 000 Stunden.

Die Ergebnisse der Luminanzdegradation für beide Bauelemente mit Mischmatrix (6-V) (1:1) und 6-VI (1:3) sind zusammen mit den Daten der Bauelemente 5-II und 6-I der einzelnen Matrizen in Abbildung 6.4 abgebildet. Zusätzlich zu den Datenpunkten sind hier ebenfalls die Funktionen der mathematischen Extrapolationen abgebildet. Ein Überblick der elektrooptischen Messdaten und weiterer Kenndaten wird in Tabelle 6.2 gegeben.

Die Ergebnisse der Degradationsuntersuchungen geben eine erhebliche Steigerung der Luminanzlebensdauer im Vergleich zur Verwendung einzelner Matrizen wieder. Über den Messzeitraum von 1 000 Stunden wurde für die Mischmatrixsysteme ein Luminanzabfall unterhalb 10 % der Startleuchtdichte (1 000 cd/m^2) beobachtet. Diese deutliche Limitierung der Luminanzdegradation gegenüber dem bisher besten Ergebnis mit einer löcherdominierten Matrix bestätigen die Effektivität des verwendeten Optimierungskonzepts der ausgedehnten Rekombinations- und Emissionszone.

Für beide Mischmatrixsysteme wurden in Kombination mit IHF-TE-15 extrapolierte t_{80}-Luminanzlebensdauern von 5 000–7 000 Stunden und etwa eine t_{50}-Luminanzlebensdauer von 50 000 Stunden erhalten. Extrapolierte t_{50}-Luminanzlebensdauern sollen nur als Trend verwendet werden, da wie bereits in Abschnitt 3.2.3 beschrieben, eine realistische Abschätzung der t_{50}-Luminanzlebensdauer erst ab einem fortgeschrittenen Luminanzabfall von ca. 20 % möglich ist. Meerheim *et al.* untersuchten eine Vielzahl von Strukturen und beschrieben dabei einen Abweichungsfaktor zwischen extrapolierter und realer Lebensdauer, der für eine geringe Degradation sehr hoch sein kann. Eine exaktere Einschätzung durch Messungen bei mehreren Startleuchtdichten wird später noch einmal diskutiert. Trotz der eher häufigen

Tabelle 6.2: Elektrooptische Charakteristiken der OLED-Bauelemente 5-II, 6-I, 6-V und 6-VI; Vergleich Mischmatrixsystem mit einzelnen Matrizen.

		Einsatzspannung [V]	Spannung [V] @cd/m^2		η_P / η_I [lm/W] / [cd/A] @1 000 cd/m^2	Lebensdauer [h]		ΔSpannung [V] @1 000 h
	MM		100	1 000		t_{80}	t_{50}	
5-II	α-NPD	1,8	3,1	3,7	4,5 / 5,3	1 700	13 500	0,04
6-I	BAlq	1,9	3,5	4,6	2,6 / 3,8	640	4 800	0,32
6-V	1:1 α-NPD:BAlq	1,9	3,5	4,2	3,4 / 4,5	4 700	51 000	0,16
6-VI	1:3 α-NPD:BAlq	1,9	3,4	4,1	3,9 / 5,1	7 200	58 000	0,17

Überschätzung der Absolutwerte sind die Tendenzen für eine qualitative Beurteilung eindeutig. Die extrapolierten Daten zu den t_{80}-Luminanzlebensdauern sind als deutlich realistischer zu betrachten. Nachteilig ist jedoch, dass die t_{80}-Luminanzlebensdauern viel stärker mit dem anfänglichen Luminanzabfall zusammenhängen.

Die erhaltenen OLED-Strukturen zeigten herausragend hohe Luminanzlebensdauern und gehören somit zu den langzeitstabilsten veröffentlichten OLED-Bauelementen in der Literatur [89]. Mit den kommerziellen und den neu entwickelten Materialien wurde eine orange-rote OLED-Struktur realisiert, die viele industrielle Anforderungen bezüglich Luminanzlebensdauer erfüllt oder sogar übertrifft.

Ein direkter Vergleich der Kenndaten der in Tabelle 6.2 aufgeführten Bauelemente lässt weitere Schlussfolgerungen zu. Im Vergleich zu der OLED mit α-NPD als Matrixmaterial zeigten beide Mischmatrixbauelemente leicht niedrigere Effizienzen, die aber die Effizienzen der OLED mit BAlq als Matrix übertrafen. Im Gegensatz zur reinen BAlq Matrix zeigten die Bauelemente mit den Mischmatrizen einen geringeren *roll-off* für höhere Luminanzen, was für eine ausgeglichene Ladungsträgerbalance spricht. Die Betriebsspannungen der OLEDs mit den Mischmatrizen bei 1 000 cd/m^2 wurden zu 4,2 V (6-V (1:1)) und 4,1 V (6-VI (1:3)) bestimmt.

Um die Ladungsträgerbalance in den OLEDs mit Mischmatrix qualitativ beurteilen zu können, wurde ein weiteres Bauelement unter Verwendung eines „Farbindikators“ aufgebaut. Dafür wurde in der bisher genutzten OLED-Struktur das Elektronentransportmaterial BAlq durch den grün emittierenden Singulett-Emitter und Elektronentransporter Alq_3 ersetzt. Es wurde dabei die 1:1 Matrixmischung genauer betrachtet. Wie bereits beschrieben, zeigt Alq_3 eine mit BAlq vergleichbare Elektronenbeweglichkeit aber eine geringere energetische Barriere zum Blockieren von Löchern. Durch das geringe Potential, Löcher in der Rekombinationszone

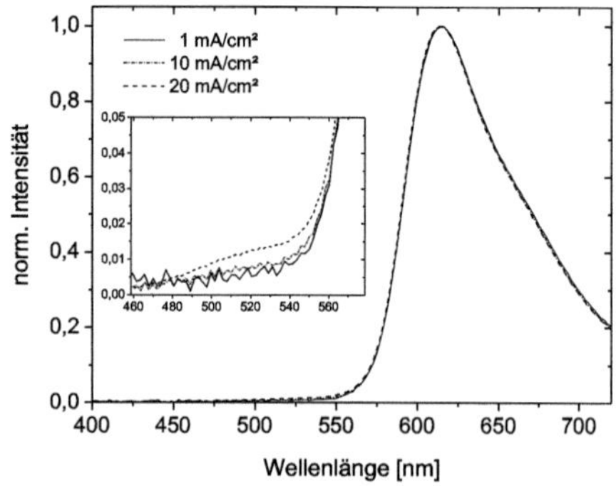

Abbildung 6.5: EL-Spektren der OLED unter Verwendung von Alq_3 als Elektronentransportmaterial (Matrixmischung 1:1) bei drei unterschiedlichen Stromdichten (1, 10, 20 mA/cm^2). Relevanter Wellenlängenbereich in Vergrößerung hervorgehoben.

zu blockieren, wurde Alq_3 in der Literatur häufig in Kombination mit einem zusätzlichen Lochblocker eingesetzt [7]. In Strukturen, die dem genutzten OLED-Aufbau sehr ähnlich sind, wurde ein ausgeprägtes Mitleuchten von Alq_3 bei Verwendung der löcherdominierten Matrix α-NPD beschrieben [71].

Für drei unterschiedliche Stromdichten, die realistisch für den späteren Betrieb der OLED sind, sind die resultierenden Elektrolumineszenzspektren des untersuchten Bauelements (1:1 Mischmatrix) in Abbildung 6.5 dargestellt. Mit zunehmender Stromdichte wird nach der theoretischen Vorstellung die Ladungsträgerimbalance erhöht. Ein zusätzlicher grüner Emissionsanteil sollte somit für steigende Stromdichten zu erkennen sein. Erst bei einer starken Vergrößerung des relevanten Wellenlängenbereichs zwischen 460 und 560 nm konnte ein mit der Stromdichte zunehmender grüner Emissionsanteil ausgemacht werden. Für die Stromdichte von 20 mA/cm^2 (etwa 1 000 cd/m^2) betrug die relative Intensität der grünen Emission jedoch nur etwa 1 % im Verhältnis zur dominierenden orange-roten Emission. Dieses Ergebnis bestätigte die Vermutung einer gut ausgeglichenen Ladungsträgerbalance in OLEDs mit Mischmatrizen aus Loch- und Elektronentransportmaterialien.

Es kann nach der Optimierung der Matrixkonzepte und mit den dabei erreichten Luminanzlebensdauern festgehalten werden, dass mit dem Triplett-Emitter IHF-TE-15 ein intrinsisch hochstabiles Materialsystem entwickelt wurde. Durch die gezielte Limitierung der vermuteten Hauptdegradationsursachen konnten extrapolierte t_{80}-Luminanzlebensdauern von etwa 5 000 bis 7 000 Stunden erreicht werden. In dieser Arbeit soll auch insbesondere den häufig nicht angegebenen t_{80}-Luminanzlebensdauern eine wichtige Bedeutung zugemessen werden. Die häufig als Luminanzlebensdauern von OLEDs angegebenen Werte für den Abfall der Luminanz auf 50 % der Startleuchtdichte sind für den kommerziellen Einsatz in OLED-Produkten weniger relevant. Definierte Kriterien für die Anforderung an OLED-Produkte sind dabei stark von der Produktfamilie abhängig. Nokia präsentierte 2009 Ergebnisse zu OLED-Displays in Mobiltelefonen, bei denen sie einen 5 %igen Luminanzabfall als Obergrenze der Luminanzdegradation definierten [144]. Es soll lediglich verdeutlicht werden, dass die Anforderungen an die Luminanzlebensdauern von OLEDs sehr hoch sind und dabei der initiale Luminanzabfall eine ausgeprägte Rolle spielt. Unter diesen Gesichtspunkten ist die ebenfalls in dieser Arbeit hervorgehobene Luminanzdegradation auf 80 % der Anfangsleuchtdichte ein wichtiges Gütekriterium.

6.3 Neuartige Elektronentransportmaterialien

Das im letzten Abschnitt beschriebene Konzept der Mischmatrix zur Anpassung der Ladungsträgerbalance und zur Verbreiterung der Rekombinationszone führte zu einer deutlichen Steigerung der Luminanzlebensdauern. Ziel weiterer Optimierungsschritte muss es immer sein, die vermutlich schwächste Position in der Kette aller Materialien zu ersetzen oder bestimmte Materialeigenschaften zu verbessern. Wie bereits mehrfach beschrieben, wird die gemessene Luminanzdegradation immer von vielen überlagerten Faktoren beeinflusst. Bei den bisher erreichten Luminanzlebensdauern ist von einer sehr hohen Stabilität aller verwendeter Materialien und Materialkombinationen auszugehen. Im folgenden Abschnitt werden die Ergebnisse der weiteren Optimierung des Elektronentransports in die Emissionsschicht hinein vorgestellt. Dieses Optimierungskonzept sollte dabei zu einer noch stärker ausgedehnten Rekombinationszone führen.

Das bisher als Elektronentransportmaterial eingesetzte BAlq bietet eine hervorragende chemische Stabilität, jedoch eine geringe Elektronenbeweglichkeit. Dadurch bedingt kann davon ausgegangen werden, dass trotz eines angenommenen nahezu ambipolaren Ladungsträgertransports in der Emissionsschicht eine größere Anzahl von Löchern in die Emissionszone eingebracht wird. Um diese vermutete Imbalance der Ladungsträger auszugleichen, wurde das zuvor eigesetzte BAlq durch Materialien mit einer vermutlich höheren Ladungsträgerbeweglichkeit ersetzt. Hier wurden insbesondere die in Abschnitt 4.3 vorgestellten neuartigen Phenanthroline eingesetzt und deren Potential bestimmt. Der OLED-Aufbau für diese Untersuchungen wurde analog zu Bauelement 6-V (1:1 Mischmatrix α-NPD und BAlq, 15 % IHF-TE-15) mit Variation der Elektronentransport-/Lochblockerschicht gewählt.

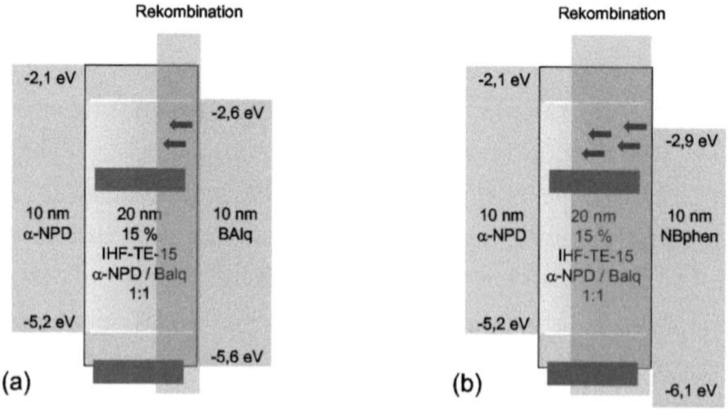

Abbildung 6.6: OLED-Aufbau mit energetischen Lagen der Grenzorbitale der verwendeten Materialsysteme und abgeschätzter Position der Rekombinationszone, (a) Matrixmischung α-NPD / BAlq 1:1 und BAlq als ETL, (b) Matrixmischung α-NPD / BAlq 1:1 und NBphen als ETL.

Der schematische OLED-Aufbau der genutzten Struktur ist in Abbildung 6.6 mit dem Beispiel von NBphen als Elektronentransportmaterial (6.6 (b)) neben der zuvor untersuchten Struktur aus Bauelement 6-V (6.6 (a)) abgebildet. Zusätzlich zur höheren Elektronenbeweglichkeit des Materials NBphen sind die energetischen Lagen von HOMO und LUMO im direkten Vergleich zum BAlq abgesenkt. Insbesondere die energetische Lage des HOMOs im NBphen führt dabei, im Vergleich zum BAlq, zu einer Optimierung der Eigenschaft, die Löcher an der Grenzfläche zu blockieren. Ähnliche energetische Lagen der Grenzorbitale waren bei den verwendeten Elektronentransport-/Lochblockermaterialien wie Bphen, TPphen und 3TPYMB (Tris(2,4,6-Trimethyl-3-(pyridin-3-yl)phenyl)boran) gegeben (siehe zugehörige HOMO-Lagen Materialdatenbank). Insgesamt wurden mit Bphen, TPphen, NBphen, Alq_3 und 3TPYMB [145] fünf weitere Elektronentransportmaterialien in der beschriebenen OLED-Architektur untersucht.

Die in diesen Untersuchungen erhaltenen Ergebnisse zur Luminanzdegradation sind in Abbildung 6.7 dargestellt. Kenngrößen zu den Bauelementen sind tabellarisch (Tabelle 6.3) zusammengefasst. Bei erster Betrachtung fällt auf, dass alle abgebildeten Messkurven einen sehr geringen Luminanzabfall aufweisen. Dieses gilt jedoch nicht für die Verwendung von 3TPYMB in Bauelement 6-XI (nicht dargestellt). Trotz vergleichbarer Effizienzen wurde mit diesem Material eine t_{50}-Luminanzlebensdauer unterhalb einer Stunde erreicht. Dieses Material ist ein gutes Beispiel dafür, wie wichtig die intrinsische Stabilität aller Komponenten für eine realistische Evaluierung neuer Materialien ist. Mit der in dieser Arbeit vorgestellten OLED-Architektur ist eine direkte Evaluierung neuer Materialien möglich, bei der im direkten

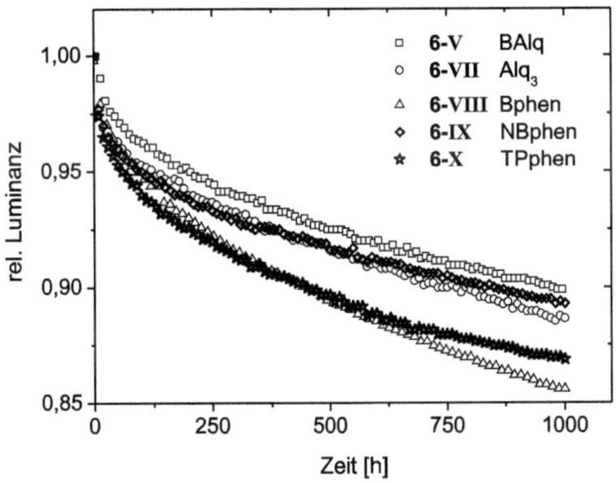

Abbildung 6.7: Luminanzdegradation der OLED-Bauelemente 6-I und 6-V–6-X (Variation der Elektronentransportmaterialien).

Vergleich deren Potential qualitativ beurteilt werden kann. Von der Verwendung von 3TPYMB kann somit auch in Zukunft abgesehen werden. Diese Aussage kann jedoch nicht pauschal für die gesamte Materialklasse getroffen werden.

Für die genutzten Elektronentransportmaterialien BAlq, Alq_3 und Bphen können direkte Vergleiche zu Literaturdaten gezogen werden [71, 75, 76]. Wie bereits erwähnt, konnten für Bphen und Alq_3 spezifische Degradationspfade aufgeklärt werden. In OLEDs mit löcherdominierter Matrix wurden große Unterschiede in den Langzeitstabilitäten der einzelnen Bauelemente mit Variation der Elektronentransportmaterialien erhalten. Diese dort aufgestellte Stabilitätsabstufung von BAlq $>$ Alq_3 $\gg$ Bphen konnte bei Verwendung der eingesetzten Mischmatrix nicht so ausgeprägt wiedergefunden werden. Die gleiche Tendenz BAlq $>$ Alq_3 $>$ Bphen konnte dennoch bestätigt werden. Durch Einsatz der Mischmatrix ist die intrinsische Belastung für das Elektronentransportmaterial geringer. Dieses wird als Grund für die geringeren Unterschiede betrachtet.

Die interessantesten Ergebnisse lieferten die neuartigen Phenanthroline NBphen und TPphen. Durch den Einsatz von NBphen (6-IX) konnte beispielsweise der Leistungswirkungsgrad η_P bei $1\,000\,\mathrm{cd/m^2}$, im Vergleich zum Bauelement 6-V (BAlq), um mehr als $100\,\%$ gesteigert werden. Diese eindeutige Steigerung in den Effizienzen ist teilweise auf die um $0{,}7\,\mathrm{V}$ gesenkte Betriebsspannung bei $1\,000\,\mathrm{cd/m^2}$ zurückzuführen. Die Luminanzverläufe und die ermittelten Wirkungsgrade beider Bauelemente (6-V BAlq und 6-IX NBphen) sind in Abbildung 6.8 dargestellt und verglichen. Mit NBphen und TPphen konnte der Spannungsabfall auf

Tabelle 6.3: Elektrooptische Charakteristiken der OLED-Bauelemente 6-V und 6-VII–6-XI (Variation der Elektronentransportmaterialien, (Mischmatrix 1:1)).

		Einsatzspannung [V]	Spannung [V] @cd/m^2		η_P / η_I [lm/W] / [cd/A] @1 000 cd/m^2	Lebensdauer [h]		ΔSpannung [V] @1 000 h
	ETL		100	1 000		t_{80}	t_{50}	
6-V	BAlq	1,9	3,5	4,2	3,4 / 4,5	4 700	51 000	0,16
6-VII	Alq_3	1,7	3,3	4,0	1,6 / 2,0	3 600	32 000	0,08
6-VIII	Bpehn	1,7	2,9	3,5	4,1 / 4,6	2 200	22 000	0,07
6-IX	NBphen	1,6	2,9	3,5	7,1 / 7,9	5 000	54 000	0,04
6-X	TPphen	1,7	3,0	3,6	6,4 / 7,3	3 400	78 000	0,06
6-XI	3TPYMB	1,8	3,3	3,9	4,0 / 5,0	< 0,2	< 1	–

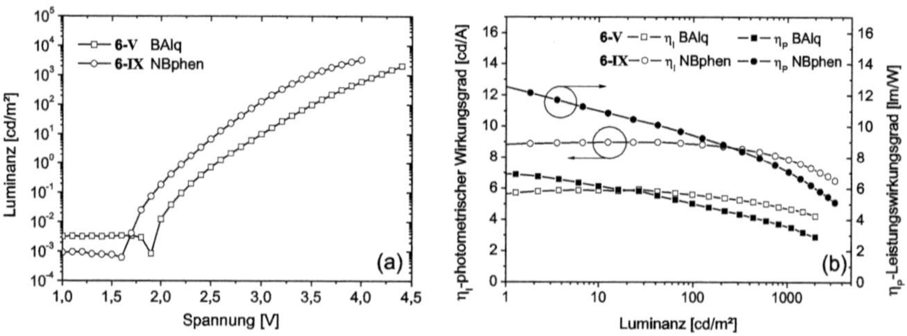

Abbildung 6.8: Vergleich der OLED-Bauelemente 6-V (BAlq) und 6-IX (NBphen) mit unterschiedlichen Elektronentransportmaterialien. (a) Luminanz-Charakteristiken für steigende Spannung, (b) photometrischer und Leistungswirkungsgrad aufgetragen über die Luminanz.

die intrinsischen Schichten deutlich reduziert werden. Zusätzlich zur Steigerung der Effizienzen zeigten die OLED-Bauelemente mit NBphen und TPphen eine herausragende Langzeitstabilität, die mit der unter Verwendung von BAlq vergleichbar war oder diese sogar noch leicht übertraf. Es wurde weiterhin ein sehr geringer Spannungsanstieg von nur 0,04 V für NBphen und 0,06 V für TPphen über den Zeitraum von 1 000 Stunden beobachtet. Für TPphen fällt auf, dass nach einem stärkeren initialen Luminanzabfall ein flacher exponentieller Verlauf für längere Betriebsdauern folgt. Initiale Luminanzabfälle können dabei verschiedene Ursachen haben und sich auch von Bauelement zu Bauelement leicht unterscheiden. Der fortschreitende

Abfall ist dabei charakteristisch für die intrinsische, monotone Degradation. Wiederum ist es wichtig zu erwähnen, dass die extrapolierten Absolutwerte der t_{50}-Luminanzlebensdauern aufgrund des gering fortgeschrittenen Luminanzabfalls fehlerbehaftet sind.

Beide neuartigen Phenanthroline NBphen und TPphen weisen eine sehr hohe Langzeitstabilität im Bauelement auf. Die in der Syntheseplanung angestrebte sterische Blockierung (siehe Abschnitt 4.3) der vermutlich reaktivsten Positionen und die Steigerung der morphologischen Stabilität gegenüber Bphen zeigten eindeutig ihre Wirkung. Interessant ist zusätzlich, dass TPphen in eigener Synthese hergestellt wurde[6], und nicht mittels eines Sublimationsverfahrens zuvor aufgereinigt wurde. In diesem Fall spielten die möglichen chemischen Verunreinigungen im Material eine eher untergeordnete Rolle.

6.4 Degradation bei erhöhter Temperatur und unterschiedlichen Startleuchtdichten

Erhöhte Temperatur

Die Stabilität der OLEDs bei erhöhter Betriebstemperatur ist für den kommerziellen Erfolg zwingend erforderlich, da solche industriellen Vorgaben bereits für bisherige Anzeige- oder Beleuchtungselemente existieren. Die spezifischen Anforderungen richten sich dabei insbesondere nach dem Anwendungsgebiet.

Der Einfluss der äußeren Temperatur auf die Langzeitstabilität der OLED wurde in der Literatur bisher sowohl für den Betriebs- als auch für den Lagerungszustand beschrieben [146–148]. Als extrinsische Faktoren, für beispielsweise die Lagerungsstabilität, wurden insbesondere die morphologischen Änderungen der Schichtsysteme betrachtet. Hierbei spielen die Glasübergangstemperaturen der verwendeten Materialien eine entscheidende Rolle. Dieses beinhaltet auch die Glasübergangstemperatur des für die Glasdeckelverkapselung verwendeten Klebstoffs. Eine durch ein Aufweichen des Klebstoffs verursachte Steigerung der Permeationsraten für Wasser und Sauerstoff würde sich auch direkt auf die extrinsische Degradation auswirken. Für eine einfache OLED, bestehend aus α-NPD und Alq_3, wurde für Temperaturen unterhalb von 100 °C eine thermische Ausdehnung der α-NPD-Schicht beobachtet. Ab Temperaturen über 120 °C zeigten die verwendeten Materialien eine schnelle Vermischung an den Grenzflächen [146].

Neben der Vermischung bei erhöhter Temperatur sind auch Effekte der Aggregation oder Entmischung von Schichtsystemen bekannt [147]. Eine Entmischung der Emissionsschicht

[6] NBphen wurde kommerziell in sublimierter Form bezogen.

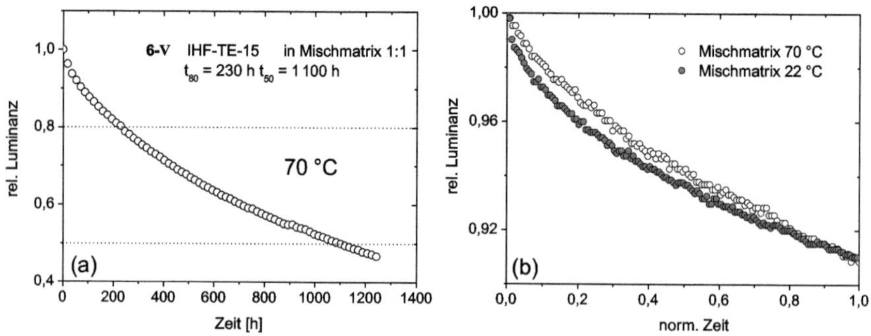

Abbildung 6.9: (a) Luminanzdegradation des OLED-Aufbaus 6-V (Mischmatrix 1:1) bei einer Betriebstemperatur von 70 °C. (b) Vergleich der relativen Luminanzdegradation bei Raumtemperatur und bei 70 °C bei normierter Zeitachse. Die Normierung erfolgte dabei auf die zugehörigen Zeiten für die relative Luminanzabnahme bis auf 0,91 (1 000 Stunden Messung bei Raumtemperatur).

hätte dabei direkte Auswirkungen bedingt durch eine gesteigerte Triplett-Triplett-Löschung von agglomerierten Triplett-Emittern auf die Quanteneffizienz der Bauelemente [149]. Für den Betrieb bei erhöhter Temperatur ist es vor allem wichtig, den Einfluss der Temperatur auf die Summe aller vorherrschenden Degradationsprozesse beurteilen zu können. Ishii *et al.* verglichen die normierten Kurvenverläufe (zeitliche Normierung auf t_{50}) der Luminanzdegradation bei 25, 85 und 120 °C. Aus den erhaltenen Übereinstimmungen folgerten sie, dass keine Verschiebung der einzelnen Degradationsbeiträge beobachtet werden konnten, soweit das über eine solche makroskopische Beobachtung überhaupt möglich ist. Die Degradation bei steigender Temperatur konnte in diesem Fall durch einen Beschleunigungsfaktor beschrieben werden. Für diese Untersuchungen wurden rein intrinsische OLED-Strukturen bestehend aus Materialien mit Glasübergangstemperaturen oberhalb von 130 °C verwendet.

Aus morphologischer Sicht wurde für die in dieser Arbeit verwendeten Materialien eine Betriebstemperatur von 70 °C als maximale Obergrenze gewählt. Tests bei einer Betriebstemperatur von 85 °C führten, wie bereits bei den reinen elektrisch dotierten Elektroneninjektionsschichten, zu lokalen Kurzschlüssen in der OLED, die auf eine Kristallisation der Materialien zurückgeführt wurden. Bei der Betriebstemperatur von 70 °C konnte aufgrund einer gesteigerten thermionischen Injektion der Ladungsträger und einer erhöhten Ladungsträgerbeweglichkeit eine Differenz der Betriebsspannungen (1 000 cd/m^2) von 0,4 V bestimmt werden. In Abbildung 6.9 (a) ist die Luminanzdegradation des Bauelementes 6-V bei der Betriebstemperatur von 70 °C dargestellt.

Es konnte für den OLED-Aufbau 6-V bei 70 °C eine t_{80}-Luminanzlebensdauer von 230 Stunden und eine t_{50}-Luminanzlebensdauer von 1 100 Stunden bestimmt werden. Im Vergleich zu den Messungen bei Raumtemperatur wurde für den Betrieb bei 70 °C eine deutlich beschleunigte Degradation erhalten. Trotz dieser stark beschleunigten Degradation wurde noch eine gemessene t_{50}-Luminanzlebensdauer oberhalb von 1 000 Stunden bei der Startleuchtdichte von 1 000 cd/m^2 erreicht.

Ein Vergleich der normierten Kurvenverläufe der Messung bei 70 °C und der Messung bei Raumtemperatur ist in Abbildung 6.9 (b) gegeben. Die Normierung der Zeitachse konnte hier, im Gegenteil zu den Untersuchungen von Ishii *et al.*, nicht für die gemessenen t_{50}-Luminanzlebensdauer erfolgen, da für die Messung bei Raumtemperatur nur Wertepaare für einen Luminanzabfall um etwa 10 % vorlagen. Für die hier durchgeführte Normierung der Zeitachse wurde die resultierende relative Luminanz (etwa 0,91) am Ende der Messung bei Raumtemperatur als Endpunkt festgelegt. Ein Vergleich der Kurvenverläufe in Abbildung 6.9 (b) zeigt keine direkte Übereinstimmung, wie sie von Ishii *et al.* beschrieben wurde. Dieses gilt hier jedoch nur für den initialen Luminanzabfall. Für diesen direkten Vergleich ist davon auszugehen, dass die Degradationen bei Raumtemperatur und bei erhöhter Temperatur einer unterschiedlichen Gesamtkinetik unterlagen. Möglicherweise kommen bei gesteigerter Temperatur auch weitere Degradationsprozesse hinzu, die erst einer thermischen Aktivierung bedürfen oder die Prozesse unterliegen einer unterschiedlichen Beschleunigung.

Unterschiedliche Startleuchtdichten

Für die Untersuchungen der Luminanzdegradation bei unterschiedlichen Startleuchtdichten spielen, wie auch bei der Messung bei erhöhter Temperatur, viele unterschiedliche Faktoren eine Rolle. In erster Linie kann die größere Leuchtdichte als gesteigerte Anzahl der Emissionsereignisse beschrieben werden. Die damit verbundenen Prozesse in der OLED können sich aber für unterschiedliche Leuchtdichten und insbesondere für hohe resultierende Stromdichten stark unterscheiden. Wie bereits beschrieben, führen höhere Stromdichten zu einer steigenden Imbalance der einzelnen Ladungsträger und somit auch zu einer schmaleren Rekombinationszone [69]. In dieser stärker lokalisierten Rekombinationszone wäre die wachsende Exzitonendichte auf eine noch kleinere Anzahl von Emittermolekülen verteilt. Zusätzlich kommt noch hinzu, dass für phosphoreszente OLEDs die Effizienzen bei hohen Betriebsleuchtdichten abfallen. Durch Triplett-Triplett-Luminanzlöschung tragen deutlich weniger erzeugte Exzitonen zur spontanen Emission bei. Eine größere Anzahl zerfällt vorher strahlungslos.

Als zusätzliche Folge der hohen Stromdichten, die für das Erreichen sehr hoher Betriebsleuchtdichte nötig sind, kommt es zu einer Erwärmung der organischen Schichten. Aufgrund dieser Joulschen Erwärmung muss auch immer die Degradation bei erhöhter Temperatur mit betrachtet werden. Der dabei auftretende Grad der Erwärmung hängt stark von der Betriebsleuchtdichte der OLEDs und den dazugehörigen Quanteneffizienzen der Bauelemente ab. In Untersuchungen mit großflächigen polymeren OLEDs wurde schon bei geringen Helligkeiten von $1\,000\,\mathrm{cd/m^2}$ ein resultierender Temperaturanstieg von etwa 20 °C bestimmt [150]. Für ineffiziente Bauelemente können somit leicht lokale Temperaturen oberhalb von 50 °C und mehr in den organischen Schichten erreicht werden. Diese lokalen Temperaturen verhalten sich dabei additiv zur Umgebungstemperatur. Das für hohe Betriebshelligkeiten bestimmte inhomogene Temperaturprofil in der OLED zeigt, im Gegensatz zum Helligkeitsprofil, ein Maximum der Temperatur im Zentrum der aktiven Fläche, da die Wärme aus dem Zentrum nur schlecht abgeführt werden kann [151].

Nach der kurzen Diskussion der Ursachen der beschleunigten Luminanzdegradation bei steigenden Startleuchtdichten soll im Folgenden die Möglichkeit einer genaueren Abschätzung der realen Luminanzlebensdauern vorgestellt werden. Wie bereits schon mehrfach erwähnt, war eine exakte Abschätzung durch eine mathematische Extrapolation der Messdaten, insbesondere der t_{50}-Luminanzlebensdauer, bei vielen Degradationsuntersuchungen in dieser Arbeit nicht möglich. Die Ursache dafür war die bei vielen Messungen zeitlich zu langsam fortgeschrittene Luminanzdegradation (unterhalb ca. 20 % Luminanzabfall). Die durch die mathematische Extrapolation anhand der SED-Funktion erhaltenen Werte für die t_{50}-Luminanzlebensdauern konnten nur als Tendenzen angesehen werden. In der Arbeit von Féry *et al.* wurde durch Einführung eines konstanten Beschleunigungsfaktors n der direkte Zusammenhang zwischen resultierender Luminanzlebensdauer t_a und zugehöriger Startleuchtdichte L_0 gegeben [67]:

$$L_0^n\, t_a = c \qquad mit \;\; c = konstant. \tag{6.1}$$

Anhand dieses Zusammenhangs ist es möglich, gemessene und extrapolierte Daten unterschiedlicher Startleuchtdichten direkt miteinander zu vergleichen und aus diesen Vergleichen eventuelle Abweichungen zu erkennen. Die gemessenen oder auch extrapolierten Daten der Messungen bei höheren Startleuchtdichten sind als Daten mit kleinerem Fehler zu betrachten, da die gesamte Luminanzdegradation (Messzeitraum von 1 000 Stunden) deutlich weiter fortgeschritten war oder die Luminanz bereits um 50 % abgenommen hatte. Diese Methode bietet die Möglichkeit, bei einer parallelen Messung unterschiedlicher Startleuchtdichten nicht nur lange Messzeiträume zu verkürzen, sondern auch eine Abschätzung für alle weiteren Startleuchtdichten zu bekommen. Dieses gilt jedoch nur unter dem Vorbehalt eines konstanten Beschleunigungsfaktors n. Um einen linearen Zusammenhang zwischen Startleuchtdichte und

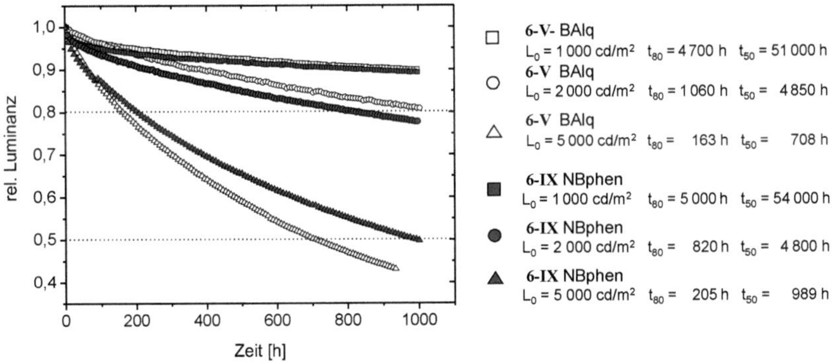

Abbildung 6.10: Vergleich der Degradationsuntersuchungen der OLED Strukturen 6-V (helle Symbole) und 6-IX (dunkle Symbole) bei drei unterschiedlichen Startleuchtdichten.

Luminanzlebensdauer zu erhalten wird der Ausdruck aus Gleichung 6.1 in logarithmischer Form geschrieben:

$$\log(t_a) = \log(c) - n\,\log(L_0). \tag{6.2}$$

In dieser Form kann der Beschleunigungsfaktor n direkt aus der Steigung der Geradengleichung bestimmt werden.

Die resultierenden Messungen der Luminanzdegradation der OLED-Architekturen 6-V und 6-IX sind für drei unterschiedliche Startleuchtdichten (1 000, 2 000 und 5 000 cd/m^2) in Abbildung 6.10 abgebildet. Alle Messungen wurden, apparativ bedingt, nacheinander und auf demselben Substrat durchgeführt. Vergleicht man alle abgebildeten Messkurven, so ergibt sich ein leicht inkonsistentes Bild. Für die Luminanzdegradation dieser beiden OLED-Aufbauten bei 1 000 cd/m^2 wurden die Ergebnisse bereits vorgestellt. Bei der Startleuchtdichte von 2 000 cd/m^2 ergab sich eine schnellere Degradation für den Aufbau 6-IX. Für die Startleuchtdichte von 5 000 cd/m^2 ergab sich hingegen das umgekehrte Bild. Hier zeigte der OLED-Aufbau 6-IX mit einer gemessenen t_{50}-Luminanzlebensdauer von 989 Stunden wiederum die größere Langzeitstabilität. Bei der Extrapolation der Messdaten mittels der SED-Funktion wurde versucht, wie von Féry *et al.* beschrieben, den für die Messungen bei 5 000 cd/m^2 ermittelten Exponenten β konstant zu halten (siehe Abschnitt 3.2.3), um die Anzahl der Variablen zu reduzieren. Bei konstantem β konnten die Datensätze beider OLED-Strukturen für die Startleuchtdichten von 5 000 und 2 000 cd/m^2 gut mit den SED-Funktionen angepasst werden. Dieses gilt jedoch nicht für die Datensätze mit der Startleuchtdichte von

1 000 cd/m². Für eine gut korrelierende SED-Funktion konnte der Exponent β nicht konstant gehalten werden.

Für eine lineare Anpassung, wie in Gleichung 6.2 beschrieben, sind alle gemessenen und extrapolierten Daten der Luminanzlebensdauern (t_{80} und t_{50}, siehe auch Abbildung 6.10) in einer doppelt logarithmischen Darstellung in Abbildung 6.11 abgebildet. Betrachten wir zunächst einmal die Abbildung 6.11 (a) für den OLED-Aufbau 6-V. In diesem OLED-Aufbau wurde der Emitter IHF-TE-15 im Mischmatrixaufbau (1:1) eingesetzt. Als Elektronentransportmaterial wurde hierbei BAlq verwendet.

Für die ermittelte Luminanzabnahme um 20 % (t_{80}-Luminanzlebensdauer) ergibt sich eine gute Korrelation aller Datenpunkte zur linearen Regression. Für den Beschleunigungsfaktor n wird hierbei ein Wert von 2,11 erhalten. Es zeigt sich, dass die t_{80}-Luminanzlebensdauern in dieser Arbeit exakt mittels der SED-Funktion bestimmt werden konnten und dass die Luminanzdegradation bei unterschiedlichen Leuchtdichten über einen konstanten Beschleunigungsfaktor beschrieben werden kann.

Für die Datenpunkte der t_{50}-Luminanzlebensdauern ergibt sich, dass der extrapolierte Wert für die Startleuchtdichte von 1 000 cd/m² die reale Lebensdauer überschätzt. Wie bereits vermutet und in der Literatur beschrieben [85], konnte nicht von einer realistischen Extrapolation ausgegangen werden. Für eine schlecht korrelierende lineare Regression aller drei Datenpunkte der t_{50}-Luminanzlebensdauer ergibt sich ein Beschleunigungsfaktor von 2,63 (durchgezogene Linie). Diese Steigung weicht jedoch stark von der bestimmten Steigung der t_{80}-Luminanzlebensdauern ab. Eine lineare Regression der beiden Datenpunkte (gestrichelte Linie), die zu den Startleuchtdichten von 2 000 und 5 000 cd/m² gehören, ergibt einen Beschleunigungsfaktor von 2,10. Theoretisch wäre auch ein nahezu konstanter Beschleunigungsfaktor beider Degradationsstadien (t_{80} und t_{50}) zu erwarten.

Im Vergleich zu der vermutlich überschätzten t_{50}-Luminanzlebensdauer bei 1 000 cd/m² konnten alle weiteren Daten, unter Voraussetzung der Gültigkeit von Gleichung 6.1, genau bestimmt werden. Die Differenzen zwischen beiden linearen Anpassungen (lineare Regression über zwei oder drei Datenpunkte) ist in Abbildung 6.11 (a) grau und schraffiert gekennzeichnet. Dieser gekennzeichnete Bereich spannt für die Startleuchtdichte von 1 000 cd/m² einen Bereich der t_{50}-Luminanzlebensdauer von etwa 20 000 bis 40 000 Stunden auf. Eine endgültige exakte Abschätzung ist leider nicht möglich. Extrapoliert man diesen Wertebereich für die industriell häufig relevante Betriebshelligkeit von 300 cd/m² (OLED-Displays), so ergibt sich unter konservativer Betrachtung (Steigung 2,10) eine t_{80}-Luminanzlebensdauer von 60 000 Stunden und eine t_{50}-Luminanzlebensdauer von 250 000 Stunden.

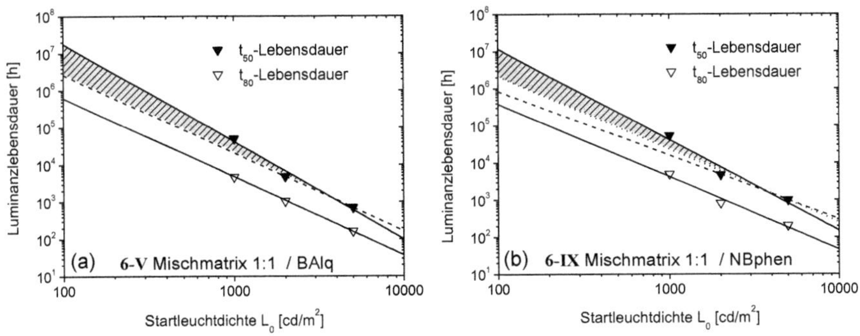

Abbildung 6.11: Doppelt logarithmische Darstellung der gemessenen und extrapolierten t_{80}- und t_{50}-Luminanzlebensdauern ((a) OLED-Struktur 6-V und ((b) OLED-Struktur 6-IX) zu den jeweiligen Startleuchtdichten. Lineare Regression nach Gleichung 6.2 über drei Datenpunkte (durchgängige Linie) und über zwei Datenpunkte (2 000 und 5 000 cd/m^2, gestrichelte Linie).

Zum Vergleich der Untersuchungen des Bauelementes 6-IX (NBphen als Elektronentransportmaterial) ist die doppellogarithmische Darstellung der Datenpunkte in Abbildung 6.11 (b) gegeben. Hierbei fällt auf, dass die ermittelten Luminanzlebensdauern für die Startleuchtdichte von 2 000 cd/m^2 im Vergleich geringer ausgefallen sind. Dies wird insbesondere beim Vergleich der t_{80}-Luminanzlebensdauern deutlich. Die Gründe dafür können vielfältiger Natur sein und sind sicherlich darin begründet, dass alle Messungen nur Einzelmessungen darstellen und keiner Statistik unterliegen. Für die lineare Regression der t_{80}-Luminanzlebensdauern wurde ein Beschleunigungsfaktor von 1,95 bestimmt.

Für die Datenpunkte der t_{50}-Luminanzlebensdauern ergibt sich ebenfalls eine Überschätzung der Lebensdauer durch Extrapolation der Messung bei 1 000 cd/m^2. Die resultierende lineare Regression anhand von drei (5 000, 2 000, 1 000) und zwei Datenpunkten (5 000, 2 000) ergibt einen Beschleunigungsfaktor von 2,45 respektive 1,77. Aufgrund der abweichenden Messung bei 2 000 cd/m^2 wurde für die Ermittlung eines Lebensdauerbereiches (grau, schraffiert) die ermittelte Steigung von 1,97 (t_{80}-Luminanzlebensdauern) übertragen und der Datenpunkt der Messung bei 5 000 cd/m^2 (t_{50}-Luminanzlebensdauer) als Ursprung gewählt. Für die Startleuchtdichte von 1 000 cd/m^2 resultiert so ein Bereich der t_{50}-Luminanzlebensdauer zwischen etwa 25 000 und 40 000 Stunden. Dieses entspricht in etwa den zuvor beschriebenen Ergebnissen für Bauelement 6-V. Der etwas niedrigere Beschleunigungsfaktor im

Vergleich zu Bauelement 6-V wird auf die höheren Effizienzen bei höheren Betriebshelligkeiten zurückgeführt (siehe auch Abbildung 6.8).

Die damit in dieser Arbeit realisierten OLED-Bauelemente bieten herausragende Langzeitstabilitäten für phosphoreszente OLED-Systeme. Des Weiteren wurde eine Vielzahl von intrinsisch sehr stabilen Matrix- und Elektronentransportmaterialien evaluiert. Im folgenden Kapitel sollen abschließend noch Untersuchungen präsentiert werden, die den Nutzen einer solch stabilen OLED-Struktur unterstreichen sollen.

7 Anwendungen des langzeitstabilen OLED-Aufbaus

In diesem Kapitel werden die direkten Anwendungen der langzeitstabilen OLED-Architektur beschrieben. Es werden die Ergebnisse der Langzeitstabilitäten aller bereits eingeführten und weiterer Emittermaterialien im optimierten Aufbau vorgestellt. Zusätzlich werden Ergebnisse der langzeitstabilen OLED-Struktur in Kombination mit einer am IHF entwickelten Dünnschichtverkapselungsmethode vorgestellt [37]. Hierbei galt es insbesondere, den Einfluss der Dünnschichtverkapselung auf die Luminanzlebensdauer zu untersuchen.

7.1 Evaluierung aller Emittermaterialien im langzeitstabilsten OLED-Aufbau

Nach der vollständigen Evaluierung der Optimierungskonzepte unter Verwendung des langzeitstabilsten Triplett-Emitters IHF-TE-15 sollen in diesem Abschnitt die Ergebnisse aller weiteren Emittermaterialien (IHF-TE-14, IHF-TE-17 und $Ir(piq)_3$) im optimierten OLED-Aufbau (Mischmatrix 1:1) vorgestellt werden. Zusätzlich werden noch zwei weitere Triplett-Emitter vorgestellt, die ebenfalls in dieser OLED-Architektur untersucht wurden. Generell ist die realisierte langzeitstabile OLED-Struktur sehr gut für die direkte Evaluierung von sämtlichen OLED-Materialien geeignet. Dieses gilt sowohl für Ladungstransport-, Matrixmaterialien als auch für Emittermaterialien aller Emissionswellenlängen. Bei der Untersuchung von grün und blau emittierenden Triplett-Emittern ist jedoch eine gezielte Anpassung der eingesetzten Matrixmaterialien zwingend erforderlich. Die Strukturen der zusätzlich untersuchten Iridiumkomplexe IHF-TE-18 und IHF-TE-19 sind in Abbildung 7.1 dargestellt.

IHF-TE-18 ist ein weiterer Vertreter der neu eingeführten Klasse der Chinoxalin-Iridiumkomplexe. Anhand dieses zusätzlichen Komplexes sollten weitere Informationen zum Einfluss des Sättigungsliganden auf die Langzeitstabilität der resultierenden OLED gewonnen werden. Dieser starke Einfluss wurde bereits in Abschnitt 5.3 herausgestellt und in Abschnitt 5.4 intensiv diskutiert.

Die Untersuchung des neuartigen gelb emittierende Phenylchinolin-Iridiumkomplexes IHF-TE-19 soll die Übertragbarkeit der stabilen OLED-Architektur auf weitere Emissionsfarben und somit auch höhere Exzitonenenergien beschreiben. Phenylchinoline wurden dabei

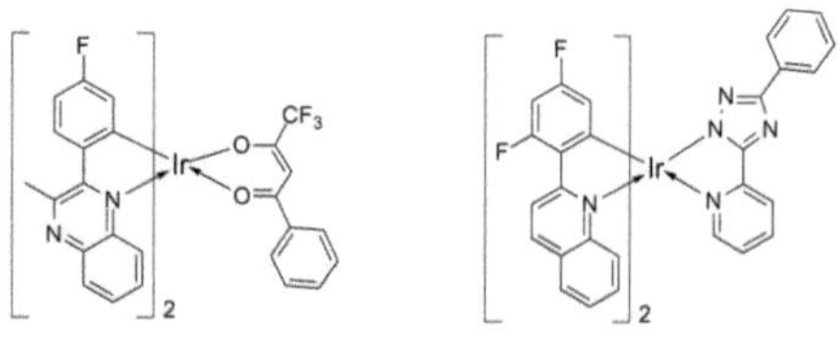

IHF-TE-18 IHF-TE-19

Abbildung 7.1: Orange-rot emittierender Chinoxalin-Iridiumkomplex mit alternativem Sättigungsliganden (trifluormethyl-phenyl-acetylacetonat) IHF-TE-18 und gelb emittierender Chinolin-Iridiumkomplex IHF-TE-19.

in der Literatur sehr häufig als effiziente farbgebende Liganden für orange-rot emittierende Iridiumkomplexe beschrieben. Durch die Verwendung des Triazol-Sättigungsliganden [152,153] und durch das verwendete Substitutionsmuster der Fluoratome [101] wurde für den Iridiumkomplex IHF-TE-19 eine gelbe Emission erhalten. Neben der hypsochromen Farbveränderung im Emissionsspektrum ist die Fluorierung der farbgebenden Liganden zwingend erforderlich, da ohne diese eine thermische Verdampfung im UHV nicht möglich war. Experimentell wurde sowohl der nicht fluorierte Phenylchinolin-Iridiumkonplex als auch der in dieser Arbeit beschriebene Komplex IHF-TE-19 untersucht. Der nicht fluorierte Komplex konnte dabei nicht prozessiert werden, da er sich bei einer Temperatur von ca. 350 °C zersetzte.

IHF-TE-18 und IHF-TE-19 wurden analog zum Bauelement 6-V (IHF-TE-15) in eine Mischmatrix (1:1) aus α-NPD und BAlq mit einer Dotierkonzentration von 15 % eingebracht. BAlq wurde ebenfalls als Elektronentransportmaterial verwendet. Die resultierenden Elektrolumineszenzspektren und die gemessenen Effizienzen der beiden OLEDs 7-I (IHF-TE-18) und 7-II (IHF-TE-19) sind in der folgenden Abbildung 7.2 dargestellt. Für IHF-TE-19 wurde eine gelbe Emission bei einer maximalen Emissionswellenlänge von $\lambda_{max} = 563$ nm mit den zugehörigen CIE-Koordinaten von x = 0,49 und y = 0,50 erhalten. Wie auch für die weiteren Chinoxalin-Iridiumkomplexe wurde für IHF-TE-18 eine orange-rote Emission mit einer maximalen Emissionswellenlänge von $\lambda_{max} = 613$ nm und den CIE-Koordinaten von x = 0,66 und y = 0,34 bestimmt.

Aufgrund seiner gelben Emission und der damit verbundenen besseren Anpassung an die Empfindlichkeitskurve V(λ) des menschlichen Auges, konnten für IHF-TE-19 Effizienzen von bis zu 23 lm/W und 18 cd/A bei einer Luminanz von etwa 10 cd/m^2 erreicht werden. Die in Abbildung 7.2 (b) dargestellten Effizienzen zeigen aber einen starken Luminanzabfall (*roll-off*) für Leuchtdichten oberhalb von 10 cd/m^2. Daraus folgend wurden für die Leuchtdichte von

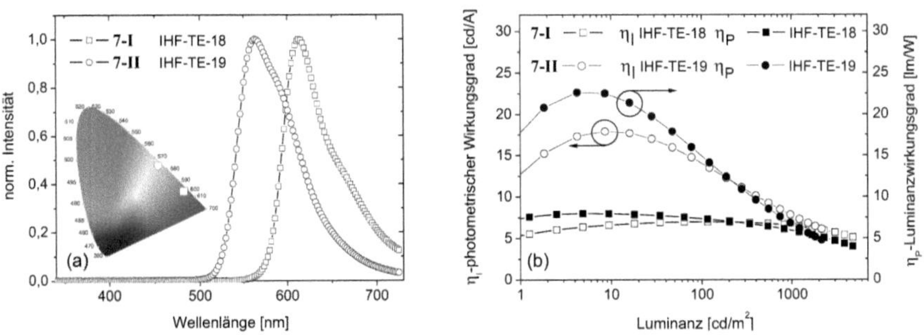

Abbildung 7.2: (a) Elektrolumineszenzspektren mit den dazugehörigen CIE-Koordinaten der OLED-Bauelemente 7-I und 7-II, (b) photometrischer η_I (leere Symbole) und Leistungswirkungsgrad η_P (ausgefüllte Symbole) dargestellt über die Luminanz.

1 000 cd/m^2 nur noch Effizienzen von 6,8 lm/W und 7,7 cd/A erreicht. Im Gegensatz dazu wurde für IHF-TE-18 ein solch starker *roll-off* für hohe Leuchtdichten nicht beobachtet. Für IHF-TE-18 wurden Effizienzen von 5,9 lm/W und 6,5 cd/A bei 1 000 cd/m^2 gemessen. Über mögliche Ursachen des starken Effizienzabfalls für steigende Luminanzen können nur Vermutungen angestellt werden. Möglicherweise sind ineffiziente Ladungstransferprozesse zwischen Matrix und Emittermaterial für den *roll-off* verantwortlich. Die Triplett-Lebensdauer von IHF-TE-19 wurde zu 3,0 µs bestimmt und liegt damit im Bereich der Chinoxalin-Iridiumkomplexe. Die Triplett-Lebensdauer kann damit nicht der bestimmende Faktor für den beobachteten *roll-off* sein.

Nach der Diskussion der elektrooptischen Charakteristiken der Bauelemente 7-I und 7-II werden im folgenden Abschnitt die Ergebnisse der Langzeitstabilitäten aller bisher verwendeten Iridiumkomplexe im optimierten OLED-Aufbau vorgestellt. Der dabei verwendete OLED-Aufbau wurde wieder analog zum OLED-Bauelement 6-V gewählt. Anstelle des für die Optimierung der Langzeitstabilität verwendeten Emitters IHF-TE-15 wurden alle weiteren Emittermaterialien mit einer Konzentration von 15 % in die Mischmatrix eindotiert. Die Ergebnisse der Luminanzdegradationen aller Triplett-Emitter sind in Abbildung 7.3 dargestellt. Die zu den OLEDs gehörenden Kenndaten sind zusätzlich in Tabelle 7.1 gegeben. Die bereits in Abschnitt 5.3 berichteten großen Unterschiede in den Langzeitstabilitäten zwischen den einzelnen Chinoxalin-Iridiumkomplexen, konnten in diesen Untersuchungen bestätigt werden. Im Vergleich zu der lochdominierten Matrix α-NPD konnten durch das eingesetzte Mischmatrixkonzept die Lebensdauern aller Bauelemente gesteigert werden. Für IHF-TE-14 wurde eine Steigerung der t_{50}-Luminanzlebensdauer von 512 Stunden auf 1 450 Stunden und

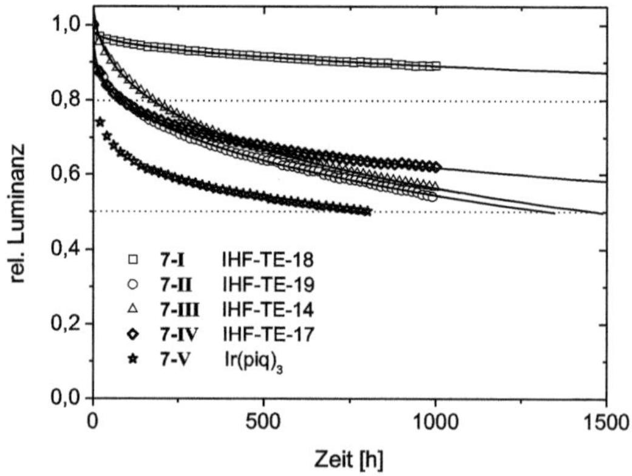

Abbildung 7.3: Luminanzdegradation der OLED-Bauelemente 7-I bis 7-V mit dazugehöriger Extrapolation.

Tabelle 7.1: Elektrooptische Charakteristiken der OLED-Bauelemente 7-I bis 7-V. Evaluierung aller Triplett-Emitter im langzeitstabilen Mischmatrixaufbau.

		λ_{max} [nm]	Einsatz-spannung [V]	Spannung [V] @cd/m^2		η_P / η_I [lm/W] / [cd/A] @1 000 cd/m^2	Lebensdauer [h]		ΔSpannung [V] @1 000 h
	TE			100	1 000		t_{80}	t_{50}	
7-I	IHF-TE-18	613	1,7	3,0	3,4	5,9 / 6,5	5 200	75 000	0,07
7-II	IHF-TE-19	563	1,9	3,0	3,6	6,8 / 7,7	84	1 350	0,1
7-III	IHF-TE-14	617	1,7	2,9	3,5	4,3 / 4,8	177	1 450	0,22
7-IV	IHF-TE-17	631	1,7	2,9	3,5	3,5 / 3,8	82	3 500	0,17
7-V	Ir(piq)$_3$	621	1,8	3,0	3,4	3,9 / 4,2	6	800	0,19

für IHF-TE-17 eine Steigerung von 1 050 Stunden auf 3 500 Stunden erreicht. Das entspricht bei beiden Emittermaterialien in etwa einer Verdreifachung der t_{50}-Luminanzlebensdauer. Im Gegensatz zu den Chinoxalin-Iridiumkomplexen ergibt sich für den Einsatz des kommerziellen Triplett-Emitters Ir(piq)$_3$ eine deutliche Verschlechterung der Luminanzlebensdauer. Die Ursache dafür ist jedoch unklar, scheint aber mit einer t_{80}-Luminanzlebensdauer von nur 6 Stunden in dem schnellen initialen Luminanzabfall begründet zu sein.

Für den gelb emittierenden Iridiumkomplex IHF-TE-19 wurde eine t_{50}-Luminanzlebensdauer von 1 350 Stunden erhalten. Dieses war aufgrund des beschriebenen starken *roll-offs* nicht zu erwarten. Es zeigte sich, dass der optimierte OLED-Aufbau auch für die Evaluierung von Emittermaterialien anderer Emissionswellenlängen gut geeignet ist. Mit IHF-TE-19 wurde nach den orange-roten Emittern ebenfalls ein sehr langzeitstabiler gelb emittierender Iridiumkomplex erhalten. Vergleichslebensdauern zu gelb emittierenden Iridiumkomplexen konnten in der Literatur nicht gefunden werden. Generell ist die Anzahl der gelb emittierenden Iridiumkomplexe sehr begrenzt, da die Entwicklung kommerzieller Chromophore immer auf die drei RGB-Grundfarben ausgelegt ist. In der Literatur wurden beispielsweise die Gruppe der Benzothiozolate [8] und die Gruppe der Phenylpyrazine [154, 155] als farbgebende Liganden für gelb emittierenden Iridiumkomplexe beschrieben. Daten zu Langzeitstabilitäten konnten nicht gefunden werden.

Das weitaus interessanteste Ergebnis bezüglich der Langzeitstabilität wurde unter Verwendung des vierten Vertreters IHF-TE-18 der Klasse der Chinoxalin-Iridiumkomplexe erhalten. Dieser Iridiumkomplex zeigte mit einer extrapolierten t_{80}-Luminanzlebensdauer von etwa 5 000 Stunden und einer extrapolierten t_{50}-Luminanzlebensdauer von größer 50 000 Stunden eine ähnlich hohe Langzeitstabilität wie der für die Optimierung eingesetzte Iridiumkomplex IHF-TE-15. Mit IHF-TE-15 und IHF-TE-18 wurden Triplett-Emitter synthetisiert und vollständig charakterisiert, welche ein großes kommerzielles Potential aufweisen. Es bleibt festzuhalten, dass die intrinsische Stabilität des Emittermaterials einen entscheidenden Einfluss auf die Luminanzdegradation der OLED hat. Es ist vielmehr eine Grundvoraussetzung, um kommerziell erfolgreiche OLED-Bauelemente zu realisieren.

7.2 Luminanzlebensdauer als Indikator für die Verkapselungsgüte

Mit der in dieser Arbeit optimierten langzeitstabilen OLED-Architektur stehen Bauelemente zur Verfügung, die auch als Indikatoren für die Analytik extrinsischer Degradationsfaktoren eingesetzt werden können. In den bisherigen Untersuchungen der Luminanzdegradation wurden extrinsische Degradationsfaktoren in dieser Arbeit als nicht existent oder konstant klein angenommen. Ein solcher Vergleich des extrinsischen Degradationsfaktors der Verkapselungsgüte wurde für die Charakterisierung einer neuen Verkapselungstechnologie, der ALD-Dünnschichtverkapselung (engl.: atomic layer deposition), angewendet. Die Dünnschichtverkapselung von organischen Leuchtdioden stellt ein sehr aktuelles Forschungsgebiet zur Vorverkapselung oder auch in Kombination mit zusätzlichen mechanischen Schutzfilmen zur ultradünnen und hochtransparenten Vollverkapselung dar. Die dabei an die Verkapselung gestellten hohen Anforderungen an die Permeationsraten von Wasserdampf (10^{-6} g/m^{2}day) und Sauerstoff (10^{-3} g/(m^2 Tag) – 10^{-5} g/(m^2 Tag)) sind zwingend erforderlich für den langzeitstabilen Betrieb einer OLED [156, 157]. Die aktuell am weitesten verbreitete Technologie zur Verkapselung von OLEDs ist die Verkapselung per Glasdeckel. In diesem Fall wird ein Glasdeckel mittels eines thermisch und photochemisch härtenden Klebstoffes auf das prozessierte Substrat aufgebracht. Zusätzlich wird meist ein intransparentes Gettermaterial mit in den Glasdeckel eingebracht, welches dazu dient auftretendes Wasser zu absorbieren.

Dünnschichtverkapselungen haben gegenüber den Glasdeckelverkapselungen den Vorteil, dass sie auch die Verkapselung von flexiblen und volltransparenten OLEDs ermöglichen. In den letzten Jahren wurden unterschiedliche Verfahren, die meist auf der Abscheidung von anorganischen Schichten aus Oxiden oder Nitriden (Al_2O_3, Si_3N_4) mittels PECVD (engl.: plasma enhanced chemical vapour deposition) basierten oder aus einer Schichtenfolge von anorganischen und organischen Schichten (Polymeren) bestanden, eingesetzt [158, 159]. Viele dieser Schichtsysteme und vor allem die Einzelschichten zeigten aufgrund auftretender Filmdefekte eine geringe Barrierewirkung und somit eine schnelle Degradation der OLEDs.

Unter Verwendung von ALD-Prozessen wurden in den letzten Jahren auch für niedrige Prozesstemperaturen unterhalb von 100 °C sehr geringe Permeationsraten der ALD-Dünnfilme (meist Al_2O_3-Dünnfilme) erreicht [37, 160–164]. In aktuellen Arbeiten unserer Arbeitsgruppe wurden von Meyer *et al.* neben ALD-Dünnfilmen, bestehend aus Al_2O_3, ebenfalls Nanolaminatstrukturen (NL), bestehend aus einer alternierenden Abfolge sehr dünner Schichten (einige Nanometer) aus Al_2O_3 und ZrO_2, für die ALD-Dünnschichtverkapselung eingesetzt [37, 164]. Diese Schichten wurden bei einer ALD-Prozesstemperatur von 80 °C abgeschieden. Für 100 nm dicke ALD-Filme wurden Permeationsraten (Wasserdampf) von $3{,}5 \times 10^{-4}$ (Al_2O_3) und $6{,}4 \times 10^{-5}$ (Nanolaminat) bei 70 °C und 70 % Luftfeuchtigkeit bestimmt. Die Permeationsraten wurden dabei über Leitfähigkeitsmessungen von verkapselten Calciumschichten erhalten [37, 165]. Es zeigte sich, dass die eingesetzten Nanolaminate aufgrund ihrer alternierenden Schichtenfolge und der daraus resultierenden geringeren Defektdichte eine bessere Permeationsbarriere für Wasser und Sauerstoff darstellen. Neben den Permeationsraten wurde von Meyer *et al.* auch der Einfluss des ALD-Prozesses auf die elektrooptischen Eigenschaften einer darunterliegenden OLED-Struktur untersucht. Wie bereits in anderen Untersuchungen berichtet, können die chemisch hochreaktiven ALD-Ausgangsstoffe (wie z.B. Trimethylaluminium - TMA) die organischen Schichten, die sich unterhalb der Aluminium Elektrode befinden, schädigen [166]. Der berichtete Einfluss auf die elektrooptischen Eigenschaften der OLED war jedoch nur sehr gering [37].

In dieser Arbeit wurden die zuvor von Meyer *et al.* entwickelten Prozesse zur Abscheidung von ALD-Dünnfilmen (Schichtdicke 100 nm) mit der entwickelten langzeitstabilen OLED-Struktur (Aufbau analog zu 6-V) kombiniert. Details zur Prozessierung von ALD-Dünnfilmen sind in dazugehörigen Veröffentlichungen gegeben und sollen an dieser Stelle nicht detailliert beschrieben werden [37, 164, 167]. Ziel war es dabei einerseits anhand von

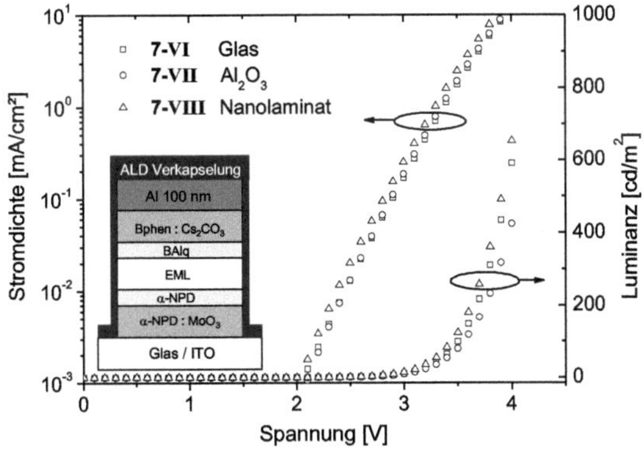

Abbildung 7.4: Vergleich der *L-I-V*-Charakteristiken der verwendeten OLED-Strukturen 7-VI (Glasdeckelverkapselung), 7-VII (ALD Al_2O_3) und 7-VIII (ALD Nanolaminat) (ohne Verkapselung nicht abgebildet). Schematischer verkapselter OLED-Aufbau (links unten).

Luminanzlebensdauermessungen weitere Information über die reale Verkapselungsgüte am Bauelement zu gewinnen und andererseits den Einfluss der reaktiven ALD-Ausgangsstoffe auf die Luminanzdegradation der OLED zu untersuchen.

Die resultierenden elektrooptischen Charakteristiken der OLED-Strukturen 7-VI bis 7-VIII sind in Abbildung 7.4 abgebildet und die dazugehörigen Kenndaten sind tabellarisch in Tabelle 7.2 zusammengefasst. Zusätzlich zu den verkapselten OLEDs wurde auch ein unverkapseltes Bauelement (7-IX) untersucht. Vergleicht man die resultierenden Stromdichte- und Luminanzverläufe, so ergibt sich für alle drei Bauelemente ein ähnlicher Verlauf. Ein herausragend negativer Einfluss des ALD-Prozesses auf die elektrooptischen Charakteristiken konnte, wie auch schon zuvor, nicht beobachtet werden. Die ALD verkapselten OLEDs 7-VII und 7-VIII wiesen lediglich einen leicht steileren Anstieg des Stromdichteverlaufs auf, welcher sich in geringeren Effizienzen für beide Strukturen bemerkbar macht. Geringe Unterschiede zwischen den einzelnen OLEDs können dabei auch aufgrund leicht veränderter Prozessparameter (OLED-Prozessierung) bedingt sein, da nicht alle OLED-Strukturen in einem Prozess gefertigt werden konnten. Ebenfalls muss beachtet werden, dass alle OLEDs, die mit einem ALD-Dünnfilm verkapselt wurden, kurzfristig der Atmosphäre ausgesetzt waren und während des ALD-Prozesses einer thermischen Beanspruchung von 80 °C über mehrere Stunden unterlagen.

Tabelle 7.2: Elektrooptische Charakteristiken der OLED-Bauelemente 7-VI bis 7-IX; Untersuchung der ALD-Dünnschichtverkapselung.

		Einsatzspannung [V]	Spannung [V] @cd/m^2		η_P / η_I [lm/W] / [cd/A] @1 000 cd/m^2	Lebensdauer [h]		ΔSpannung [V] @1 000 h
	VK		100	1 000		t_{80}	t_{50}	
7-VI	Glas	1,9	3,5	4,1	3,7 / 4,8	6 000	56 000	0,16
7-VII	Al_2O_3	1,9	3,6	4,2	2,3 / 3,1	1 700	8 700	0,23
7-VIII	NL	1,8	3,5	4,1	3,1 / 4,1	4 200	22 000	0,19
7-IX	ohne	1,9	3,6	4,3	3,5 / 4,8	192	350	1,18

Die Ergebnisse der Untersuchung zur Luminanzdegradation der Bauelemente sind dazu in Abbildung 7.5 dargestellt. Wie in Abbildung 7.5 (a) gut zu erkennen ist, unterscheiden sich die fortschreitenden OLED-Degradationen der vier Bauelemente deutlich voneinander. Betrachtet man zunächst die unverkapselte OLED, so wurde eine t_{50}-Luminanzlebensdauer von 350 Stunden und ein dazugehöriger starker Spannungsanstieg von 1,18 V im Messzeitraum erhalten. Wie die Mikroskopaufnahme (iv) in Abbildung 7.5 (b) verdeutlicht, trägt nach 350 Stunden nur noch etwa 50 % der aktiven Fläche zur Emission bei. Der dennoch recht langsame Luminanzabfall wurde dabei durch den Stromfluss (Betrieb im Modus konstanter Strom) durch die noch aktiven Bereiche der OLED kompensiert. Die Leuchtdichten der noch aktiven Bereiche stiegen dabei deutlich an. Die aktive Fläche zeigte viele dunkle Bereiche (*dark spots*), die als Folge der Penetration des OLED-Stapels durch eingedrungenes Wasser und Sauerstoff entstanden waren. In der Literatur wird die Entstehung und das Wachstum von *dark spots* meist anhand der chemischen Degradation (Oxidation) und anschließender Delaminierung der organischen Materialien und der Metallelektrode beschrieben [168, 169]. Erste dunkle Bereiche bildeten sich auf der aktiven Fläche der unverkapselten OLED bereits nach wenigen Stunden aus.

Die wichtigste Fragestellung bei der Untersuchung der ALD-Dünnschichtverkapselung konzentriert sich jedoch auf die resultierenden Luminanzlebensdauern beider ALD-Verkapselungssysteme (Al_2O_3 und Nanolaminat) im Vergleich zu der konventionellen Glasdeckelverkapselung. Beide mit ALD-Dünnfilmen verkapselten OLEDs zeigten eine sehr langsam voranschreitende Luminanzdegradation. Auf allen drei aktiven Flächen der Bauelemente 7-VI bis 7-VIII konnten nach der Messung über den Zeitraum von 1 000 Stunden keine dunklen Bereiche auf der aktiven Fläche der OLED nachgewiesen werden (siehe Mikroskopaufnahmen i–iii in Abbildung 7.5 (b)). Nach einer weiteren atmosphärischen Lagerung von 500 Stunden konnten vereinzelt kleine, sehr lokale *dark spots* auf der größten aktiven Fläche der OLED mit

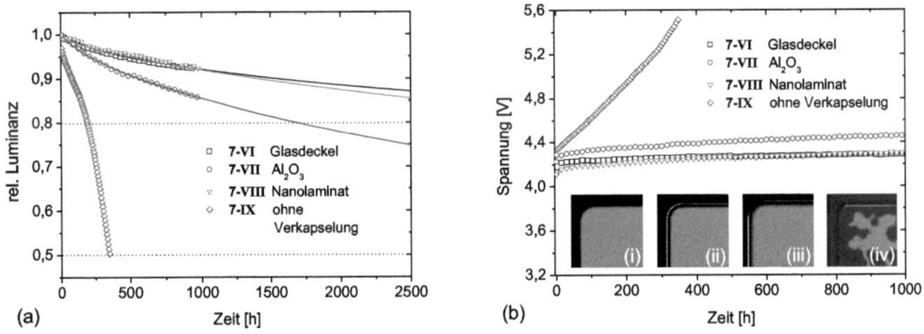

Abbildung 7.5: (a) Vergleich der Luminanzdegradation der Bauelemente 7-VI (Glasdeckelverkapselung), 7-VII (ALD Al_2O_3), 7-VIII (ALD Nanolaminat) und 7-IX (ohne Verkapselung); (b) dazugehöriger Spannungsanstieg. Im Einsatz sind Mikroskopaufnahmen der aktiven Flächen der OLEDs 7-VI (i), OLED 7-VII (ii), OLED 7-VIII (iii) und OLED 7-IX (iv) nach 1 000 Stunden (i–iii) bzw. 300 Stunden (iv) Betrieb abgebildet.

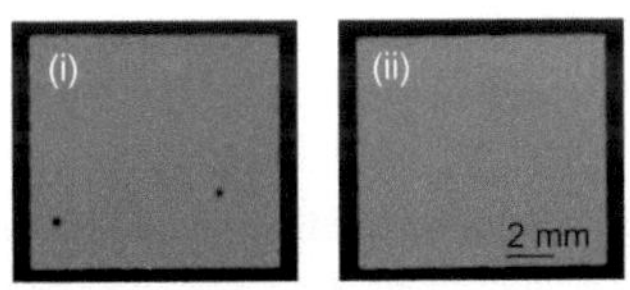

Abbildung 7.6: (a) Mikroskopaufnahme der größten aktiven Fläche (80 mm^2) nach 1 500 Stunden, (i) OLED 7-VII (ALD Al_2O_3) und (ii) OLED 7-VIII (ALD-Nanolaminat).

Al_2O_3-Verkapselung gefunden werden, die auf einzelne lokale Defekte in der Verkapselung hindeuten (siehe Abbildung 7.7). Dieses Ergebnis bestätigt und unterstreicht dabei die zuvor von Meyer *et al.* berichteten Untersuchungen zu den unterschiedlichen Defektdichten beider ALD-Verkapselungssysteme [164].

Anhand des erhaltenen Luminanzabfalls und des dazugehörigen Spannungsanstiegs ist zu erkennen, dass der langzeitstabile OLED-Aufbau sehr gut zur Evaluierung der Verkapselungsgüte eingesetzt werden konnte. Die aus den Permeationsmessungen erhaltenen Trends für die Barrierewirkungen der zwei unterschiedlichen ALD-Verkapselungssysteme konnten mit diesen Untersuchungen bestätigt werden. Für die mit einem Al_2O_3-Dünnfilm verkapselte OLED wurde eine extrapolierte t_{80}-Luminanzlebensdauer von 1 700 Stunden im Vergleich zu 4 200 Stunden für die Verkapselung mit dem Nanolaminat erhalten. Die OLED 7-VII

(Al_2O_3) zeigte eine deutlich unterschiedliche Degradationskinetik und einen schnelleren Spannungsanstieg (siehe Tabelle 7.2) im direkten Vergleich zu den OLEDs mit Nanolaminat- und Glasdeckelverkapselung. Es kann folglich davon ausgegangen werden, dass die Ursache dafür in den von außen aufgeprägten extrinsischen Faktoren (Permeation von Wasser und Sauerstoff) begründet ist.

Für die mit dem Nanolaminat verkapselte OLED wurde unter konservativer Betrachtung der Lebensdauerextrapolation eine t_{50}-Luminanzlebensdauer größer 10 000 Stunden bei einer Startleuchtdichte von 1 000 cd/m^2 erreicht. Im direkten Vergleich zur Glasdeckelverkapselung zeigte die mit dem Nanolaminat verkapselte OLED einen ähnlichen Abfall der Luminanz über den Messzeitraum von 1 000 Stunden. Aufgrund der unterschiedlichen initialen Degradationen weichen die extrapolierten Daten jedoch stärker voneinander ab. Aus diesen Ergebnissen geht eindeutig hervor, dass unter Verwendung einer 100 nm dicken Nanolaminat-Dünnschichtverkapselung industrielle Anforderungen bezüglich Luminanzlebensdauern und Verkapselungsgüten erfüllt werden können. Die am IHF entwickelte ALD-Dünnschichtverkapselung, basierend auf dem Nanolaminat, stellt eine sehr gute Alternative zur gängigen Glasdeckelverkapselung dar und kann sowohl als Vorverkapselung als auch als Vollverkapselung zum Einsatz kommen. Außerordentlich gewichtige Einflüsse der ALD-Ausgangsstoffe und des ALD-Prozesses auf die Luminanzlebensdauer der OLEDs konnten nicht festgestellt werden.

Um die dauerhafte Beständigkeit der ALD-Dünnschicht zu demonstrieren, wurde die zuvor untersuchte OLED 7-VIII über einen Messzeitraum von 5 000 Stunden (ca. 7 Monate) dauerhaft betrieben. Innerhalb dieses Zeitraums konnten keine auftretenden Defekte in der Verkapselung ausgemacht werden (siehe Foto Abbildung 7.6). Die gemessene Luminanz war innerhalb dieses Zeitraums nur um etwa 25 %, bezogen auf die anfängliche Leuchtdichte von 1 000 cd/m^2, abgefallen.

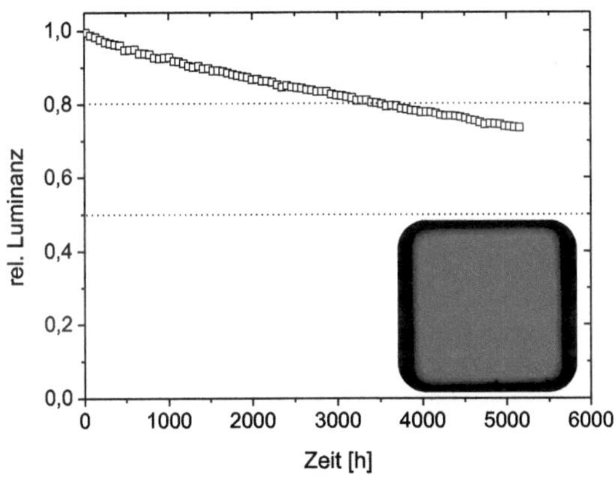

Abbildung 7.7: Erhaltene Luminanzdegradation der ALD-Nanolaminat verkapselten OLED (7-VIII) über einen Messzeitraum von mehr als 5 000 Stunden. Mikroskopaufnahme der kleinsten aktiven Fläche der OLED nach 5 000 Stunden im Dauerbetrieb (unten rechts).

Zusammenfassung und Ausblick

Für die erfolgreiche kommerzielle Nutzung von OLEDs in Displays und Beleuchtungselementen müssen gezielte Anforderungen an Effizienzen und Langzeitstabilitäten der Bauelemente erfüllt sein. Dieses konnte jedoch, insbesondere für die hocheffizienten phosphoreszenten OLEDs, bisher nicht ausreichend erreicht werden. Um das wahre Potential der OLED-Technologie im Hinblick auf maximale Energieeffizienzen nutzen zu können, ist der Einsatz von Triplett-Emittermaterialien jedoch zwingend erforderlich. Trotz intensiver Forschung an OLEDs stellt die intrinsische Degradation ein bisher nur sehr schwer zu erfassendes Phänomen der organischen Elektronik dar. Ein teilweises Verständnis wichtiger Teilprozesse würde dabei eine gezieltere Materialentwicklung ermöglichen. Die vollständige Charakterisierung von kommerziellen und neuartigen OLED-Materialien und die systematische Optimierung der Langzeitstabilität phosphoreszenter OLED-Strukturen stellte daher ein zentrales Ziel dieser Arbeit dar.

Im theoretischen Teil dieser Arbeit wurden die aktuellsten Erklärungsansätze zur intrinsischen Degradation vorgestellt. Es wurden dabei gezielt wichtige materialspezifische Eigenschaften und Voraussetzungen an die OLED-Architektur herausgestellt, die für langzeitstabile OLEDs zwingend erforderlich sind. Als essentielle Kriterien für die Realisierung einer langzeitstabilen OLED wurden in dieser Arbeit die chemische Stabilität der einzelnen OLED-Materialien, die lokale Exzitonendichte in der Emissionszone, die Exzitonenenergie und die Triplett-Lebensdauer der angeregten Zustände angesehen. Diese theoretischen Überlegungen stellten die Basis für alle in dieser Arbeit evaluierten Optimierungskonzepte dar.

Zu Beginn des experimentellen Teils wurden am IHF synthetisierte orange-rot emittierende Triplett-Emitter der Klasse der Chinoxalin-Iridiumkomplexe (IHF-TE-14, IHF-TE-15 und IHF-TE-17) eingeführt. Aus den photophysikalischen Untersuchungen dieser Triplett-Emitter wurden schmalbandige phosphoreszente Emissionen mit Emissionsmaxima im Bereich zwischen 605 und 628 nm erhalten. Anhand dieser Untersuchungen konnte auf einen ausgeprägten ^{3}MLCT-Charakter der resultierenden Emission geschlossen werden. Die Triplett-Lebensdauern der neuen Emittermaterialien wurden in Untersuchungen der dynamischen Photolumineszenz im Bereich zwischen 1,7 und 2,6 µs bestimmt. Des Weiteren wurden Voltammetriemessungen etabliert, welche eine genaue Abschätzung der energetischen Lagen der Grenzorbitale aller eingesetzten OLED-Materialien erlaubten. In Verbindung mit quantenmechanischen DFT-

Methoden wurde zusätzlich die Lokalisierungen der Grenzorbitale auf den Iridiumkomplexen dargestellt und deren Absolutenergien berechnet.
Neben den neuen Triplett-Emittern wurden auch neuartige Elektronentransportmaterialien der Klasse der Phenanthroline eingeführt und charakterisiert. Insbesondere wurde dabei die gesteigerte morphologische Stabilität von NBphen und TPphen im Vergleich zum kommerziellen Bphen hervorgehoben. Die Steigerung der morphologischen Stabilität wurde anhand von DSC-Messungen, AFM-Aufnahmen und Lichtmikroskopmessungen an organischen Dünnfilmen gezeigt.

In Kapitel 5 wurden die neuen Triplett-Emitter zunächst in einfachen OLED-Strukturen untersucht. Dabei wurden für IHF-TE-14, IHF-TE-15 und IHF-TE-17 Effizienzen von 12,6 cd/A, 10,5 cd/A respektive 4,3 cd/A (bei 1000 cd/m^2) erzielt. Für die Untersuchung der Luminanzdegradation wurde anschließend eine langzeitstabile *pin*-OLED-Architektur Schritt für Schritt aufgebaut. Die Ladungstransportschichten wurden in *hole-only* und *electron-only* Bauelementen bei einer Stromdichte von 400 mA/cm^2 und 70 °C (*electron-only*) bzw. 85 °C (*hole-only*) optimiert. Sowohl für die Elektronentransportmaterialien als auch für die Lochtransportmaterialien konnten langzeitstabile Ladungstransportschichten etabliert werden. Auf Basis dieser Schichtsysteme wurden die neuen Triplett-Emitter im Matrixmaterial α-NPD auf deren Langzeitstabilität untersucht. In diesen ersten Untersuchungen der Luminanzdegradation wurden große Unterschiede zwischen den einzelnen Emittermaterialien festgestellt, obwohl diese sich chemisch nur geringfügig unterscheiden (Sättigungsliganden). Unter Verwendung von IHF-TE-15 wurde eine extrapolierte t_{50}-Luminanzlebensdauer von mehr als 10 000 Stunden erreicht. Alle Angaben zur Luminanzlebensdauer gelten dabei immer für eine Startleuchtdichte von 1 000 cd/m^2.

Um die beobachtete Diskrepanz innerhalb der Emitterklasse zu analysieren, wurden thermische Belastungstests durchgeführt. Es zeigte sich dabei eindeutig, dass IHF-TE-15 thermisch stabiler ist und eher zur Ausbildung von Koordinationsisomeren neigt. Für die Triplett-Emitter IHF-TE-14 und IHF-TE-17 wurde im Gegensatz zu IHF-TE-15 eine thermische Zersetzung bei Temperaturen zwischen 250 und 300 °C festgestellt. Die daraus ermittelten Ergebnisse spiegeln die intrinsischen Stabilitäten der einzelnen Triplett-Emitter wieder. Für diese Untersuchungen wurden HPLC und HPLC-MS Methoden genutzt.

In Kapitel 6 wurden unter Verwendung von IHF-TE-15 unterschiedliche Matrixkonzepte untersucht. Zu Beginn wurden die Ergebnisse der Luminanzdegradation in elektronendominierten Matrixmaterialien präsentiert. Aus Gründen der optimierten Ladungsträgerbalance und der damit verbundenen geringeren lokalen Exzitonendichte wurde darauf folgend der Ansatz der Mischmatrix betrachtet. Im Speziellen wurden hier Matrixmischungen von α-NPD und BAlq eingesetzt. In den Mischmatrixsystemen wurden unter Verwendung von IHF-TE-15 extrapolierte Luminanzlebensdauern von t_{80} etwa 5 000 Stunden und t_{50} etwa 50 000 Stunden erreicht. Diese sehr langzeitstabile OLED wurde ebenfalls bei 70 °C und bei gesteigerten Leuchtdichten untersucht, um die Beschleunigung der Alterung abschätzen zu können. Für den Betrieb bei 70 °C wurde eine t_{50}-Luminanzlebensdauer von 1 100 Stunden bestimmt. Neben der Mischmatrix wurden auch verschiedene Elektronentransportmaterialien in der optimierten OLED-Struktur untersucht. Für die neuartigen Phenanthroline NBphen und TPphen wurden ähnlich hohe Luminanzlebensdauern neben gesteigerten Effizienzen, im direkten Vergleich zum BAlq, bestimmt. Die in dieser Arbeit präsentierten phosphoreszenten OLEDs gehören damit zu den langzeitstabilsten Strukturen, die bisher in der Literatur beschrieben wurden. In einer Extrapolation für unterschiedliche Startleuchtdichten wurde für die kommerziell wichtige Leuchtdichte von 300 cd/m^2 eine t_{80}-Luminanzlebensdauer von etwa 60 000 Stunden erreicht.

Abschließend wurden in Kapitel 7 direkte Anwendungen der optimierten OLED-Struktur präsentiert. Es konnte gezeigt werden, dass das Mischmatrixkonzept auch für IHF-TE-14 und IHF-TE-17 zu einer Verdreifachung der Luminanzlebensdauer führt. Ebenfalls wurden weitere Triplett-Emitter im optimierten Aufbau untersucht. Für den gelb emittierenden IHF-TE-19 wurde eine t_{50}-Luminanzlebensdauer von 1 350 Stunden und für IHF-TE-18 eine extrapolierte t_{50}-Luminanzlebensdauer von etwa 50 000 Stunden ermittelt.

Zusätzlich wurde die etablierte langzeitstabile OLED-Struktur dazu genutzt, den Einfluss einer neuartigen ALD-Dünnschichtverkapselung auf die Luminanzdegradation zu betrachten. Hierbei wurde festgestellt, dass Messungen der Luminanzdegradation sehr gut für die Betrachtung der extrinsischen Verkapselungsgüte eingesetzt werden können. Unter Verwendung der zuvor am IHF erarbeiteten ALD-Nanolaminat-Verkapselung wurde eine sehr langzeitstabile OLED mit einer extrapolierten t_{50}-Luminanzlebensdauer von 22 000 Stunden realisiert. Diese OLED zeigte einen stabilen Betrieb über einen Messzeitraum von mehr als 5 000 Stunden.

Die in dieser Arbeit entwickelten langzeitstabilen OLED-Strukturen können in Zukunft dazu genutzt werden, weitere neue OLED-Materialien zu charakterisieren. Ebenfalls werden mehrere hier beschriebene Materialien bereits jetzt zur Realisierung langzeitstabiler weißer OLEDs eingesetzt.

Publikationsliste

Publikationen in Fachzeitschriften

- M. Debeaux, M. W. Thesen, D. Schneidenbach, H. Hopf, S. Janietz, H. Krüger, A. Wedel, W. Kowalsky, H.-H. Johannes: *Charge-Transporting Polymers based on Phenylbenzoimidazole Moieties* Advanced Functional Materials, **20**, 3 (2010), 399.
- D. Schneidenbach, S. Ammermann, M. Debeaux, A. Freund, M. Zöllner, C. Daniliuc, P. G. Jones, W. Kowalsky and H.-H. Johannes: *Efficient and Long-Time Stable Red Iridium(III) Complexes for Organic Light-Emitting Diodes Based on Quinoxaline Ligands*, Inorg. Chem. **49** (2009), 397.
- J. Meyer, D. Schneidenbach, T. Winkler, S. Hamwi, T. Weimann, P. Hinze, S. Ammermann, H.-H. Johannes, T. Riedl, W. Kowalsky: *Reliable thin film encapsulation for organic light-emitting diodes grown by low-temperature atomic layer deposition* Appl. Phys. Lett. **94** (2009), 233305.

Konferenzbeiträge

- D. Schneidenbach, J. Meyer, P. Görrn, S. Hamwi, T. Winkler, S. Ammermann, T. Riedl, H.-H. Johannes and W. Kowalsky: *Transparent OLED Displays: Technology Development* (Invited), XXIX International Display Research Conference, Eurodisplay 2009, September 14th-17th, Rome, Italy, (2009).
- T. Riedl, J. Meyer, T. Winkler, D. Schneidenbach, P. Görrn, H.-H. Johannes, W. Kowalsky: *Functional nanolaminate structures for organic optoelectronics* (Invited), 9th International Conference on Atomic Layer Deposition, Monterey, USA, 121, (2009).
- J. Meyer, D. Schneidenbach, P. Görrn, F. Bertram, T. Winkler, S. Hamwi, H.-H. Johannes, T. Riedl, W. Kowalsky, P. Hinze, and T. Weimann: *Highly-Efficient Gas Diffusion Barriers Based on Nanolaminates Prepared by Low-Temperature ALD*, SID Digest of Technical Papers **40**, 1706, (2009).

- D. Schneidenbach, S. Ammermann, H. Gargouri, W. Kowalsky, H.-H. Johannes: *New Highly Efficient Red Iridium Complexes for Organic Light-Emitting Diodes based on Quinoxaline Ligands*, 14th International Workshop on Inorganic and Organic Electroluminescence 2008 International Conference on the Science and Technology of Emissive Displays and Lighting, Rome, September 9-12, (2008).
- S. Mozer, D. Schneidenbach, H. Blei, M. Lehnhardt, T. Riedl, M. Hoping, H.-H. Johannes, W. Kowalsky: *Characterization and Optimization of the Deposition Process of Aluminum Top Electrodes for Organic Devices*, SPIE Optics + Photonics, San Diego, CA, USA, August 10-14, (2008).

weitere Veröffentlichungen

- D. Schneidenbach, A. Freund, S. Ammermann, M. Debeaux, H. Gargouri, S. Mozer, M. Tilgner, U. Weinaug, H.-H. Johannes: *Oligomere und polymerisierbare Triplettemitter zur Integration in Materialsysteme für OLED-Anwendungen bei erhöhter Temperaturstabilität*, BMBF Projekt CARO (OPTIMAT 01 BD 0687), (2010).

Liste aller untersuchten Bauelemente

Alle in dieser Arbeit verwendeten OLED-Strukturen wurden konventionell aufgebaut. Das bedeutet, dass der Bodenkontakt (ITO) immer die Anode der OLED darstellte. Als Kathode wurde immer ein 100 nm dicker Aluminiumdeckkontakt verwendet.

ID	HIL	HTL	EML	ETL	EIL
			Kapitel 5		
		20 nm	20 nm	45 nm	0,7 nm
5-I	–	NPD	TCTA : IHF-TE-14 8 %	TPBi	LiF
5-II	–	NPD	TCTA : IHF-TE-15 8 %	TPBi	LiF
5-III	–	NPD	TCTA : IHF-TE-17 8 %	TPBi	LiF
	50 nm	10 nm	20 nm	10 nm	50 nm
5-IV	NPD:MoO_3 20 %	NPD	NPD : IHF-TE-14 10 %	BAlq	Bphen:Cs
5-V	NPD:MoO_3 20 %	NPD	NPD : IHF-TE-15 10 %	BAlq	Bphen:Cs
5-VI	NPD:MoO_3 20 %	NPD	NPD : IHF-TE-17 10 %	BAlq	Bphen:Cs
5-VII	NPD:MoO_3 20 %	NPD	NPD : $Ir(piq)_3$ 10 %	BAlq	Bphen:Cs
			Kapitel 6		
6-I	NPD:MoO_3 20 %	NPD	BAlq : IHF-TE-15 15 %	BAlq	Bphen:Cs
6-II	NPD:MoO_3 20 %	NPD	$Bebq_2$: IHF-TE-15 1 %	BAlq	Bphen:Cs
6-III	NPD:MoO_3 20 %	NPD	$Bebq_2$: IHF-TE-15 4 %	BAlq	Bphen:Cs
6-IV	NPD:MoO_3 20 %	NPD	TPAQn : IHF-TE-15 10 %	BAlq	Bphen:Cs
6-V	NPD:MoO_3 20 %	NPD	NPD:BAlq 1:1 : IHF-TE-15 15 %	BAlq	Bphen:Cs
6-VI	NPD:MoO_3 20 %	NPD	NPD:BAlq 1:3 : IHF-TE-15 15 %	BAlq	Bphen:Cs
6-VII	NPD:MoO_3 20 %	NPD	NPD:BAlq 1:1 : IHF-TE-15 15 %	Alq_3	Bphen:Cs
6-VIII	NPD:MoO_3 20 %	NPD	NPD:BAlq 1:1 : IHF-TE-15 15 %	Bphen	Bphen:Cs
6-IX	NPD:MoO_3 20 %	NPD	NPD:BAlq 1:1 : IHF-TE-15 15 %	NBphen	Bphen:Cs
6-X	NPD:MoO_3 20 %	NPD	NPD:BAlq 1:1 : IHF-TE-15 15 %	TPphen	Bphen:Cs
6-XI	NPD:MoO_3 20 %	NPD	NPD:BAlq 1:1 : IHF-TE-15 15 %	3TPYMB	Bphen:Cs
			Kapitel 7		
7-I	NPD:MoO_3 20 %	NPD	NPD:BAlq 1:1 : IHF-TE-18 15 %	BAlq	Bphen:Cs
7-II	NPD:MoO_3 20 %	NPD	NPD:BAlq 1:1 : IHF-TE-19 15 %	BAlq	Bphen:Cs
7-III	NPD:MoO_3 20 %	NPD	NPD:BAlq 1:1 : IHF-TE-14 15 %	BAlq	Bphen:Cs
7-IV	NPD:MoO_3 20 %	NPD	NPD:BAlq 1:1 : IHF-TE-17 15 %	BAlq	Bphen:Cs
7-V	NPD:MoO_3 20 %	NPD	NPD:BAlq 1:1 : $Ir(piq)_3$ 15 %	BAlq	Bphen:Cs

Dünnschichtverkapselung

alle	NPD:MoO_3 20 %	NPD	NPD:BAlq 1:1 : IHF-TE-15 15 %	BAlq	Bphen:Cs

7-VI	Glasdeckelverkapselung + Getter
7-VII	ALD-Al_2O_3 100 nm
7-VIII	ALD-Nanolaminat 100 nm
7-IX	ohne Verkapselung

Liste wichtiger Abkürzungen

ALD	Atomic Layer Deposition, Atomlagenabscheidung
CIE	Commision Internationale l'Éclairage, internationale Beleuchtungskommission
CV	Cyclic Voltammetry, Zyklovoltammertrie
DPV	Differential Pulse Voltammetry, differentielle Pulsvoltammetrie
DSC	Differential Scanning Calorimetry, dynamische Differenzkalorimetrie
EIL	Electron Injection Layer, Elektroneninjektionsschicht
EL	Elektrolumineszenz
EML	EMission Layer, Emissionsschicht
ESI	Elektrospray-Ionisation
ETL/HBL	Electron Transporting Hole Blocking Layer Elektronentransport- Lochblockerschicht
FWHM	Full Width at Half Maximum, Halbwertsbreite
HIL	Hole Injection Layer, Lochinjektionsschicht
HOMO	Highest Occupied Molecular Orbital, höchstes besetztes Molekülorbital
HPLC	High Performance Liquid Chromatography, Hochleistungsflüssigkeitschromatographie
HTL/EBL	Hole Transporting Electron Blocking Layer Lochtransport- Elektronenblockerschicht
IC	Internal Conversion, innere Konversion
IHF	Institut für Hochfrequenztechnik
ISC	InterSystem Crossing
ITO	Indium Tin Oxide, Indium-Zinn-Oxid
LUMO	Lowest Unoccupied Molecular Orbital, niedrigstes unbesetztes Molekülorbital
OLED	Organic Light Emitting Diode, Organische Leuchtdiode
OMBD	Organic Molecular Beam Deposition, organische Molekularstrahldeposition
PL	Photolumineszenz
UHV	Ultrahochvakuum

Materialdatenbank

In dieser Datenbank soll ein Überblick über alle in dieser Arbeit verwendeten Materialien mit den dazugehörigen materialspezifischen Eigenschaften gegeben werden. Die verwendeten organischen Materialien werden dabei in der Reihenfolge ihrer in dieser Arbeit genutzten Funktionalitäten: Triplett-Emitter (TE), Matrixmaterialien (MM), und Ladungstransportmaterialien (Lochtransport - HT und Elektronentransport - ET) aufgeführt. Für die Triplett-Emitter (TE) werden die spektroskopischen (λ_{max} (Emissionsmaximum in CH_2Cl_2), τ_{ph} (Triplett-Lebensdauer), elektrochemischen (HOMO, LUMO, ΔE_{opt} (optische Bandlücke)) und thermischen (T_g Glasübergangstemperatur, thermische Zersetzung) Eigenschaften aufgeführt. Die Absorptions- und Emissionsspektren der einzelnen Emittersysteme sind zusätzlich abgebildet. Für die Matrixmaterialien werden neben den Daten aus der elektrochemischen Charakterisierung der Grenzorbitale und der optischen Bandlücke auch die Triplett-Energien (T_1-S_0) aus Literaturdaten aufgeführt.

Nicht ausgefüllte Zellen bedeuten, dass eine Bestimmung mit den verwendeten Methoden nicht möglich war. Beispielsweise konnte die Oxidation mehrerer Elektronentransportmaterialien nicht gemessen werden, da sie außerhalb des Messbereiches liegt. In diesem Fall wurde auf Literaturdaten zurückgegriffen. Für TPphen sind Grenzorbitalbereiche angegeben. Die energetische Lage des HOMOs in TPphen wurde abgeschätzt.

Die Abkürzungen für die jeweiligen angegebenen Bezugsquellen lauten:
IHF (Eigene Synthesen am Institut für Hochfrequenztechnik), Lumtec (Luminescence Technology), ADS (American Dye Source), Sensient (Sensient Imaging Technologies), Aldrich (Sigma Aldrich), Merck (Merck Chemicals), GFC (Green Fine Chemical).

Tabellarische Daten Triplett-Emitter – TE:

IHF-TE-14 Bis(2-(4-fluorphenyl)-3-methyl-chinoxaline)-iridium(III)picolinat

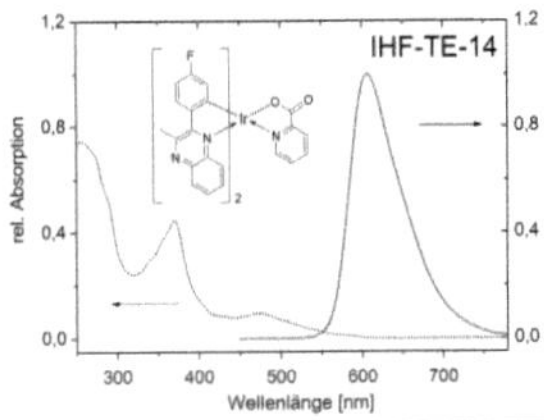

$C_{36}H_{24}F_2IrN_5O_2$ 789 g/mol

EL: λ_{max} = 615 nm
PL: λ_{max} = 606 nm
τ_{ph} = 2,1 µs

HOMO: -5,67 eV LUMO: -3,63 eV ΔE_{opt}: 2,04 eV

T_g = 195 °C, T_m = 367 °C - vermutete Zersetzung ab 450 °C IHF

IHF-TE-15 Bis(2-(4-fluorphenyl)-3-methyl-chinoxalin)-iridium(III)(2-(3-phenyl-1,2,4-triazol-5-yl)pyridin)

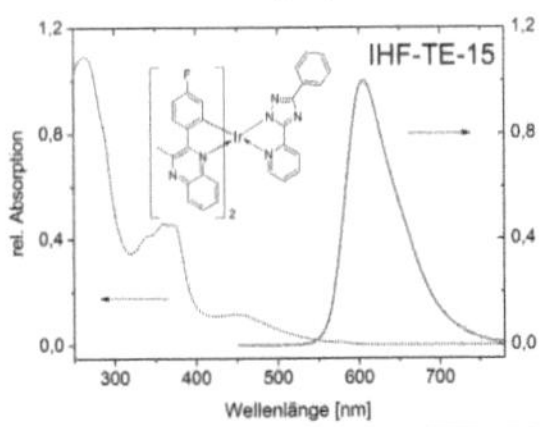

$C_{43}H_{29}F_2IrN_8$ 888 g/mol

EL: λ_{max} = 613 nm
TE: λ_{max} = 605 nm
τ_{ph} = 2,6 µs

HOMO: -5,72 eV LUMO: -3,68 eV ΔE_{opt}: 2,04 eV

T_g = 204 °C, T_m = 374 °C - keine Zersetzung bis 500 °C IHF

IHF-TE-17 Bis(Bis(2-(4-fluorphenyl)-3-methyl-chinoxalin)-iridium(III)acetylacetonat)

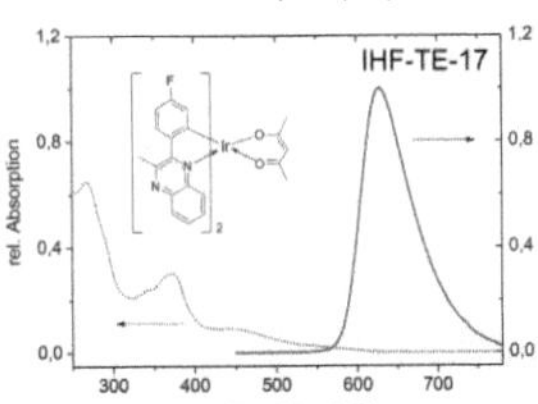

$C_{35}H_{27}F_2IrN_4O_2$ 667 g/mol

EL: λ_{max} = 630 nm
TE: λ_{max} = 628 nm
τ_{ph} = 1,7 µs

HOMO: -5,54 eV LUMO: -3,57 eV ΔE_{opt}: 1,97 eV

T_g= –, T_m = 349 °C - keine Zersetzung bis 500 °C IHF

IHF-TE-18 Bis(2-(4-fluorphenyl)-3-methyl-chinoxalin)-iridium(III)-trifluormethylphenylacetylacetonat

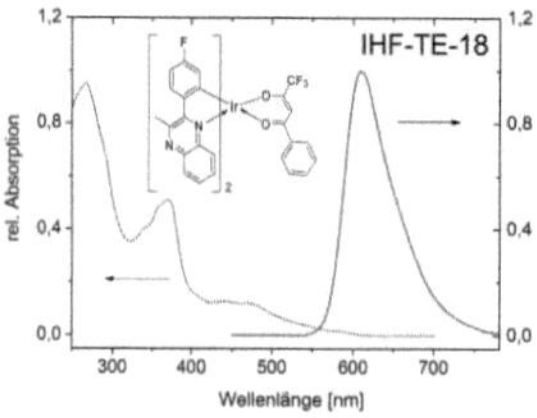

		EL: $\lambda_{max} = 613\,\mathrm{nm}$
$C_{40}H_{26}F_5IrN_4O_2$	882 g/mol	TE: $\lambda_{max} = 610\,\mathrm{nm}$
		$\tau_{ph} = 1{,}92\,\mu\mathrm{s}$
HOMO: -5,69 eV	LUMO: -3,67 eV	ΔE_{opt}: 2,02 eV

$T_g = 201\,°C$, $T_m = 325\,°C$ - vermutete Zersetzung ab 440 °C IHF

IHF-TE-19 Bis(2-(2,4-difluorphenyl)-chinolin)-iridium(III)(2-(3-phenyl-1,2,4-triazol-5-yl)pyridin

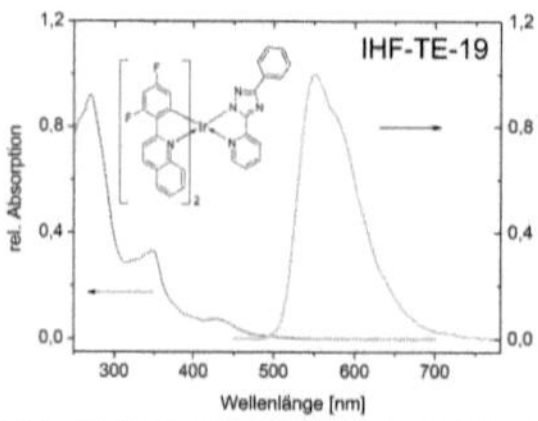

		EL: $\lambda_{max} = 563\,\mathrm{nm}$
$C_{43}H_{25}F_{42}IrN_6$	892 g/mol	TE: $\lambda_{max} = 551\,\mathrm{nm}$
		$\tau_{ph} = 3{,}0\,\mu\mathrm{s}$
HOMO: -5,75 eV	LUMO: -3,49 eV	ΔE_{opt}: 2,26 eV

$T_g = -$, $T_m = 352\,°C$ - vermutete Zersetzung ab 440 °C IHF

$Ir(piq)_3$ Tris(1-phenylisochinolin)iridium(III)

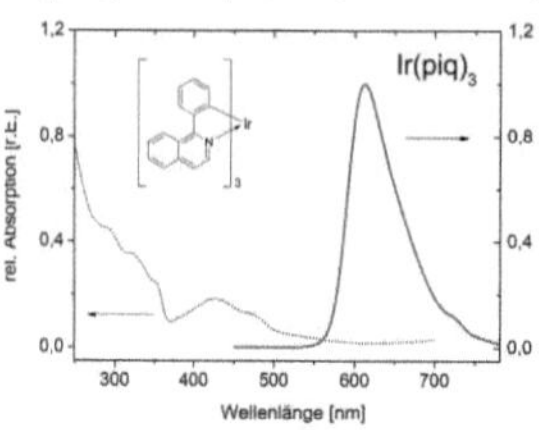

		EL: $\lambda_{max} = 619\,\mathrm{nm}$
$C_{45}H_{30}IrN_3$	805 g/mol	TE: $\lambda_{max} = 612\,\mathrm{nm}$
		$\tau_{ph} = 1{,}2\,\mu\mathrm{s}$
HOMO: -5,07 eV	LUMO: -3,06 eV	ΔE_{opt}: 2,01 eV

$T_g = 288\,°C$, $T_m = 450\,°C$ - keine Zersetzung bis 500 °C ADS

Tabellarische Daten Matrixmaterialien–MM:

Funktionalität	HOMO [eV]	LUMO [eV]	ΔE_{opt}	ΔE_{DPV}	T_1-S_0 [eV]
α-NPD	*N,N'*-Di(naphth-1-yl)-*N,N'*-diphenyl-benzidin, $C_{44}H_{32}N_2$				Sensient
MM, HT	-5,2	-2,1	3,11	3,18	2,3 [170]
TPAQn	2,3-Bis(4-diphenylaminophenyl)chinoxalin, $C_{44}H_{32}N_4$				IHF
MM	-5,3	-2,6	2,69	2,62	–
Bebq$_2$	Bis(10-hydroxybenzo[h]quinolinato)-beryllium(II), $C_{28}H_{20}BeN_2O_2$				GFC
MM	-5,4	-3,1 T / -2,6 S	2,77	–	2,3 [171]
BAlq$_2$	Bis-(2-methyl-8-chinolato)-4-(phenyl-phenolato)-aluminum(III) $C_{34}H_{29}AlN_2O_3$				Sensient
MM	-5,6	-2,6	3,05	3,25	2,18 [172]

Tabellarische Daten Ladungstransportmaterialien–HT, ET:

Funktionalität	HOMO [eV]	LUMO [eV]	ΔE_{opt}	ΔE_{DPV}
s-TAD	2,2',7,7'-Tetrakis(*N*,*N*'-diphenylamino)-9,9'-spirobifluoren $C_{73}H_{52}N_4$			Merck
HT	-5,2	-2,1	3,06	3,14
Bphen	4,7-Diphenyl-1,10-phenantrolin, $C_{24}H_{16}N_2$			Aldrich
ET	-6,4 [173]	-2,6	3,78	–
BCP	2,9-Dimethyl-4,7-diphenyl-1,10-phenantrolin, $C_{26}H_{20}N_2$			Sensient
ET	-6,5 [30]	-2,8	3,75	–
TPphen	2,4,7,9-Tetraphenyl-1,10-phenanthrolin, $C_{36}H_{24}N_2$			IHF
ET	(-6,2 – -6,4)	(-2,9 – -3,1)	3,31	–
NBphen	2,9-Di(naphthalen-2-yl)-4,7-diphenyl-1,10-phenanthrolin			Lumtec
ET	$C_{44}H_{28}BeN_2$			
	-6,1	-2,9	3,20	–
3TPYMB	Tris(2,4,6-Trimethyl-3-(pyridin-3-yl)phenyl)boran, $C_{42}H_{42}BN_3$			Lumtec
ET	-6,8 [145]	-2,9	3,46	–
Alq_3	Tris(8-hydroxychinolin)aluminium(III), $C_{30}H_{24}AlN_3O_3$			Sensient
ET	-5,5	-2,7	2,77	2,95
TPBi	1,3,5-Tris(phenyl-2-benzimidazol)benzol, $C_{45}H_{30}N_6$			Sensient
ET	6,2 [174]	2,4	3,79	–

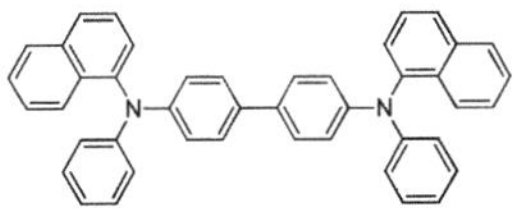

α-NPD

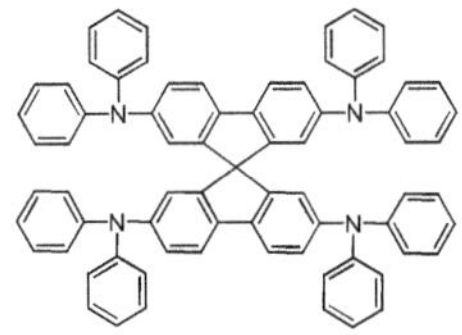

s-TAD

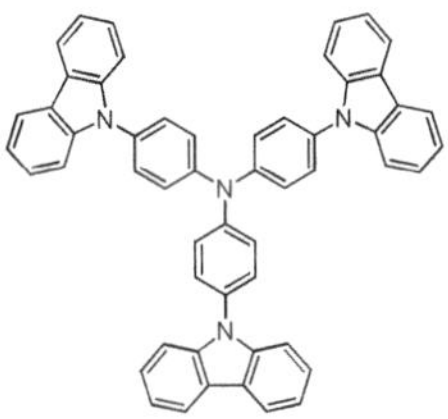

TCTA

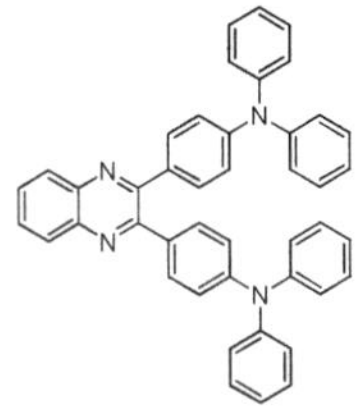

TPAQn

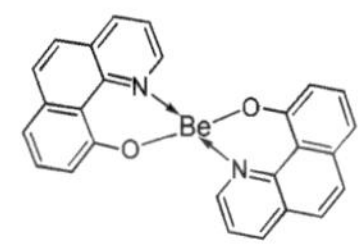

$Bebq_2$

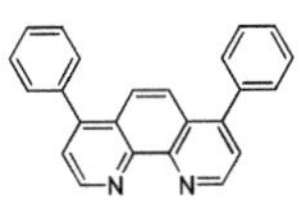

Bphen

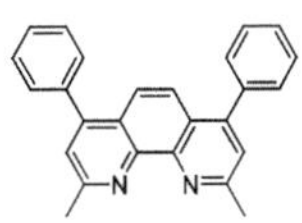

BCP

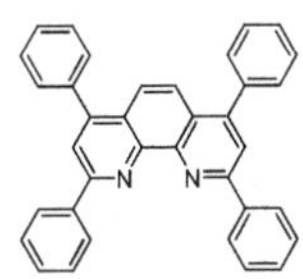

TPphen

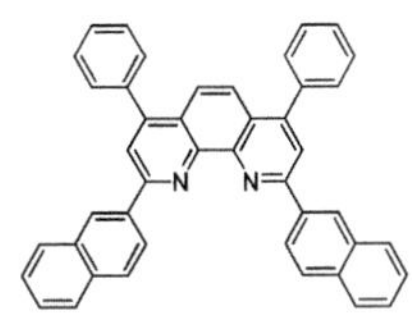

NBphen

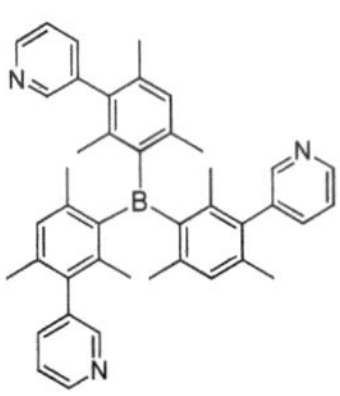

3TPYMB

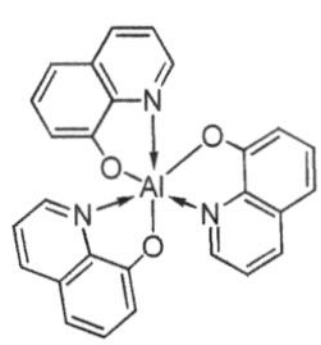

Alq_3

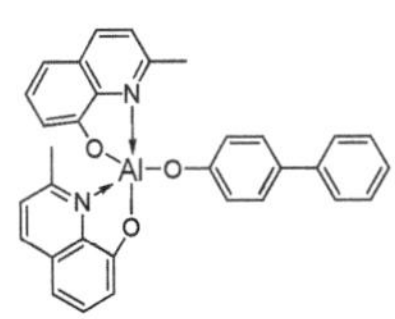

BAlq

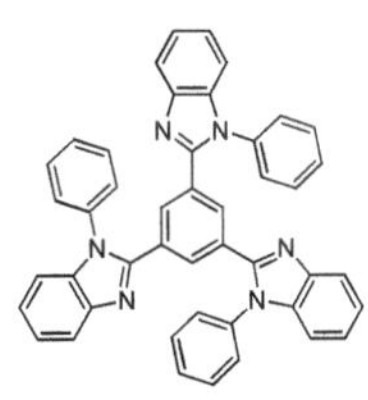

TPBi

Literaturverzeichnis

[1] A. Bernanose, M. Comte, P. Vouaux: *A new method of emission of light by certain organic compounds* J. Chim. Phys. **50** (1953), 64.

[2] C. W. Tang, S. A. Van Slyke: *Organic electroluminescent diodes* Appl. Phys. Lett. **51** (1987), 913.

[3] J. H. Burroughes, D. D. C. Bradley, A. R. Brown, R. N. Marks, K. MacKay, R. H. Friend, P. L. Burn, A. B. Holmes: *Light-emitting diodes based on conjugated polymers* Nature **347** (1990), 539.

[4] C. W. Tang, S. A. Van Slyke: *Electroluminescense of doped organic thin films* J. Appl. Phys. **65** (1989), 3610.

[5] C. Hosokawa, H. Higashi, H. Nakamura, T. Kusumoto: *Highly efficient blue electroluminescence from distyrylarylene emitting layer with new dopant* Appl. Phys. Lett. **67** (1995), 3853.

[6] M. Baldo, D. F. O'Brien, Y. You, A. Shoustikov, S. Sibley, M. E. Thompson, S. R. Forrest: *Highly efficient phosphorescent emission from organic electroluminescent devices* Nature **395** (1999), 151.

[7] M. Baldo, S. Lamansky, P. E. Burrows, M. E. Thompson, S. R. Forrest: *Very high effciency green organic light-emitting devices based on electrophosphorescence* Appl. Phys. Lett. **75** (1999), 4.

[8] S. Lamansky, P. Djurovich, D. Murphy, F. Abdel-Razzaq, H.-E. Lee, C. Adachi, P. E. Burrows, S. R. Forrest, M. E. Thompson: *Highly phosphorescent bis-byclometalated iridium complexes: synthesis, photophysical characterization, and use in organic light emitting diodes* J. Am. Chem. Soc. **123** (2001), 4304.

[9] M. G. Colombo, T. C. Brunold, T. Riedener, H. U. Gödel, M. Förtsch, H.-B. Bürgi: *Facial tris cyclometallated* Rh^3+ *and* Ir^3+ *complexes: their synthesis, structure, and optical Spectroscopic properties* Inorg. Chem. **33** (1994), 545.

[10] A. P. Wilde, K. A. King, R. J. Watts: *Resolution and analysis of the components in dual emission mixed-chelate/ortho-metalate complexes of iridium(III)* J. Phys. Chem. **95** (1991), 629.

[11] A. Tsuboyama, H. Iwawaki, M. Furugori, T. Mukaide, J. Kamatani, S. Igawa, T. Moriyama, S. Miura, T. Takiguchi, S. Okada, M. Hoshino, K. Ueno: *Homoleptic cyyclometalated iridium complexes with highly efficient red phosphorescence and application to organic light-emitting diode* J. Am. Chem. Soc **125** (2003), 12971.

[12] C. H. Yang, C. C. Tai, I-Wen Sun: *Synthesis of a high efficiecy red phosphorescent emitter for organic light-emitting diodes* J. Mater. Chem. **14** (2004), 947.

[13] J.-P. Duan, P.-P. Sun, C.-H. Cheng: *New iridium complexes as highly efficient orange-red emitters in organic light emitting diodes* Adv. Mater. **15** (2003), 224.

[14] Y. Kawamura, K. Gouchi, J. Brooks, J. J. Brown, H. Sasabe, C. Adachi: *100% phosphorescence quantum efficiency of Ir(III) complexes in organic semiconductor films* Appl. Phys. Lett. **86** (2005), 071104.

[15] C. Adachi, M. A. Baldo, M. E. Thomson, S. R. Forrest: *Nearly 100% internal phosphorescence efficiency in an organic light emitting device* J. Appl. Phys. **90** (2001), 5048.

[16] D. Tanaka, H. Sasabe, Y.-J. Li, S.J. Su, T. Takeda, J. Kido: *Ultra high efficiency green organic light-emitting devices* Jap. J. Appl. Phys. **46** (2007), L10.

[17] S. Reinecke, F. Lindner, G. Schwartz, N. Seidler, K. Walzer, B. Lüssem, K. Leo: *White organic light-emitting diodes with fluorescent tube efficiency* Nature **459** (2009), 234.

[18] H. Shirakawa, E. J. Louis, A. G. MacDiamid, C. K. Chiang, A. J. Heeger: *Synthesis of electrically conducting organic polymers: halogen derivatives of polyacetylene* J. Chem. Comm. (1977), 578.

[19] M. Born, R. Oppenheimer: *Zur Quantentheorie der Molekeln* Analen der Physik **389** (1927), 457.

[20] P. W. Atkins: Physikalische Chemie, 3. Auflage, Wiley-VCH, New York 2002.

[21] M. Klessinger: Elektronenstruktur organischer Moleküle, Wiley-VCH, New York 1982.

[22] H. Neuner: Untersuchung zum Ladungsträgertransport in organischen Halbleiterbauelementen. Dissertation, Fakultät für Maschinenbau und Elektrotechnik, Technische Universität Braunschweig, 2002.

[23] H. Bässler: *Charge Transport in disordered organic photoconductors: A Monte Carlo simulation* Phys. Stat. Sol. B **175** (1993), 15.

[24] K.-H. Hellwege: Einführung in die Festkörperphysik, Springer-Verlag, Berlin, 1976.

[25] H. Schwörer, H. C. Wolf: Organic Molecular Solids, Springer-Verlag, 2007.

[26] E. Silinsh, V. Capek: Organic Molecular Crystals, Springer-Verlag, 1997.

[27] M. Hoping: Tiefblaue phosphoreszierende organische Leuchtdioden basierend auf Iridium-Carben-Komplexen. Dissertation, Fakultät für Elektrotechnik, Informationstechnik, Physik, Technische Universität Braunschweig, 2009.

[28] S. F. Alvaro, P. F. Seidler, D. G. Lidzey, D. D. C. Bradley: *Direct determination of the exciton binding energy of conjugated polymers using a scanning tunneling microscope* Phys. Rev. Lett. **81** (1998), 1082.

[29] S. M. Tadayyon, H. M. Gradin, K. Griffiths, L. L. Coatsworth, P. R. Norton, H. Aziz, Z. D. Popovic: *Reliable and reproducible determination of work function and ionization potentials of layers and surfaces relevant to organic light emitting diode* Org. Electr. **5** (2004), 199.

[30] P. I. Djurovich, E. I. Mayo, S. R. Forrest, M. E. Thompson: *Measurement of the unoccupied molecular orbital energie of molecular organic semiconductors* Org. Elctr. **10** (2009), 515.

[31] B. W. Andrade, S. Datta, S. R. Forrest, P. I. Djurovich, M. E. Thompson: *Relationship between the ionization and oxidation potentials of molecular organic semiconductors* Org. Electr. **6** (2005), 11.

[32] M. Klessinger, J. Michl: Lichtabsorption und Photochemie organischer Moleküle, Bd. 3, VCH-Verlag, 1989.

[33] I. G. Hill, A. Rajagopal, A. Kahn, Y. Hu: *Molecular level allignment an interfacial electronic structures at organic/metal interfaces* Appl. Phys. Lett. **78** (1999), 662.

[34] H. Ishii. K. Sugiyama, E. Ito, K. Seki: *Energy level alignment and interfacial electronic structures at organic/metal interfaces and organic/organic interfaces* Adv. Mater. **11** (1999), 608.

[35] M. Pope, C. E. Swenberg: Electronic Process in Organic Crystalls, Oxford, Clarendon Press 1982.

[36] K. C. Kao, W. Hwang: Electrical Transports in Solids, Oxford, New York, Toronto, Pergamon Press, 1991.

[37] J. Meyer: Transparent Organic Light Emitting Diodes for Acive-Matrix Displays. Dissertation, Fakultät für Elektrotechnik, Informatik, Physik, Technische Universität Braunschweig, 2009.

[38] S. C. Tse, K. C. Kwok, S. K. So: *Electron transport in naphthylamine-based organic compounds* Appl. Phys. Lett. **89** (2006), 262101.

[39] T.-Y. Chu, O.-K. Song: *Hole mobility of N,N'-bis(naphthalen-1-yl)-N,N'-bis(phenyl)benzidine investigated by using space-charge-limited currents* Appl. Phys. Lett. **90** (2007), 203512.

[40] S. Reinecke, F. Lindner, Q. Huang, G. Schartz, K. Walzer, K. Leo: *Measuring carrier mobility in conventional multilayer organic light emitting devices by delayed exciton generation* Phys. Stat. Sol. (b) **245** (2008), 804.

[41] M. Pfeiffer, K. Leo, X. Zhou, J. S. Huang, M. Hofmann, A. Werner, J. Blochwitz-Nimoth: *Doped organic semiconductors: Physics and application in light emitting diodes* Org. Electronics **4** (2003), 89.

[42] K. Walzer, B. Maenning, M. Pfeiffer, K. Leo: *Highly efficient organic devices based on electrically doped transport layers* Chem. Rev. **107** (2007), 1233.

[43] G. Schwarz: Novel Concepts for High-Efficiency White Organic Light-Emitting Diodes. Dissertation, Fakultät für Mathematik und Naturwissenschaften, Technische Universität Dresden, 2007.

[44] C. L. Honeybourne, R. J. Ewen: *Dark dc conductivity and spectroscopy of clean and gas doped thin films of organic semiconductors* J. Phys. Chem. Sol. **44** (1983), 215.

[45] J.-H. Lee, M.-H. Wu, C.-C. Chao, H.-L. Chen, M.-K. Leung: *High efficiency and long lifetime OLED based on a metal-doped electron transport layer* Chem. Phys. Lett. **416** (2005), 234.

[46] S.-Y. Chen, T.Y. Chu, J.-F. Chen, C.Y. Su, C. H. Chen: *Stable inverted bottom-emitting organic electroluminescent devices with molecular doping and morphology improvement* Appl. Phys. Lett. **89** (2006), 053518.

[47] W.-J. Shin, J.-Y. Lee, J. C. Kim, T.-H. Yoon, T.-S. Kim, O.-K. Song: *Bulk and interface properties of molybdenum trioxide-doped hole transporting layer in organic light-emitting diodes* Org. Electr. **9** (2008), 333.

[48] C. K. Chan, F. Amy, Q. Zhang, S. Barlow, S. Marder, A. Kahn: *N-type doping of an electron-transport material by controlled gas-phase incorporation of cobaltocene* Chem. Phys. Lett. **431** (2006), 67.

[49] G. Parthasarathy, C. Shen, A. Kahn, S. R. Forrest: *Lithium doping of semiconducting organic charge transport materials* J. Appl. Phys. **89** (2001), 4986.

[50] J. Blochwitz, M. Pfeiffer, T. Fritz, K. Leo: *Low voltage organic light emitting diodes featuring doped phthalocyanine as hole transport material* Appl. Phys. Lett. **73** (1998), 729.

[51] L.-S. Liao, W.K. Slusarek, T. K.Hatwar, M. L.Ricks, D. L.Comfo: *Tandem organic light-emitting diode using hexaazatriphenylene hexacarbonitrile in the intermediate connector* Adv. Mater. **20** (2008), 324.

[52] L. S. Liao, K. P. Klubek: *Power efficiency improvement in a tandem organic light-emitting diode* Appl. Phys. Lett. **92** (2008), 223311.

[53] M. Kröger, S. Hamwi, J. Meyer, T. Riedl, W. Kowalsky, and A. Kahn: *Role of the deep-lying electronic states of MoO3 in the enhancement of hole-injection in organic thin films* Appl. Phys. Lett. **95** (2009), 123301.

[54] S. Hamwi, J. Meyer, T. Winkler, T. Riedl, and W. Kowalsky: *P-type doping efficiency of MoO3 in organic hole transport materials* Appl. Phys. Lett. **94** (2009), 233305.

[55] W. C. Martin , W. L. Wiese: *Atomic, molecular & optical physics handbook* G. W. F. Drake,Ed. AIP Press: Woodbury, NewYork, 1996.

[56] F. A. Cotton, J. P. Donahue D. L. Lichtenberg, C. A. Murillo, D. Villagrán: *Expeditious access to the most easily ionized closed-shell molecule* $W_2(hpp)_4$ J. Am. Chem. Soc. **127** (2005), 10808.

[57] Y. Li, D.-Q. Zhang, L. Duan, R. Zhang, L.-D. Wang, Y. Qiua: *Elucidation of the electron injection mechanism of evaporated cesium carbonate cathode interlayer for organic light-emitting diodes* Appl. Phys. Lett. **90** (2007), 012119.

[58] H. Yersin: Highly efficient OLEDs with phosphorescent materials: Wiley-VCH, 2008.

[59] G. J. Hedley, A. Ruseckas, I. D. W. Samuel: *Ultrafast intersystem crossing in a red phosphorescent iridium complex* J. of Phys. Chem. A **113** (2009), 2.

[60] S. D. Cummings, R. Eisenberg: *Tuning the excited-state properties of platinum(II) diimine dithiolate complexes* J. Am. Chem. Soc. **118** (1996), 1949.

[61] A. B. Tamayo, B. D. Alleyne, P. I. Djurovich, S. Lamansky, I. Tsyba, N. N.Ho, R. Bau, M. E.Thompson: *Synthesis and characterization of facial and meridional tris-cyclometalated iridium(III) complexes* J. Am. Chem. Soc. **125** (2003), 7377.

[62] F. So: Organic Electronics: Materials, Processing and Application, CRC-Press 2009).

[63] V. V. Jarikov, D. Y. Kondakov: *Review degradation phenomena in small-molecule organic light-emitting devices* Chem. Mat. **16** (2004), 4522.

[64] H.-Gu Jeon, M. Inoue, N. Hiramatsu, M. Ichikawa, Y. Taniguchi: *A modified sublimation purification system using arrays of partitions* Org. Electr. **9** (2008), 903.

[65] D. A. Pardo, N. Peyghambarian, G. E. Jabbour: *In situ purification of organic materials for organic light-emitting device fabrication* Jap. J. Appl. Phys. **40** (2001), 4922.

[66] M. B. Wolk, S. Lamansky, W. A. Tolbert: *progress in laser induced thermal imaging of OLEDs* SID 08 Digest **39** (2008), 511.

[67] C. Féry, B. Racine, D. Vaufrey, H. Doyeux, C. Cinà: *Physical mechanism responsible for the stretched exponential decay behavior of aging organic light-emitting diodes* Appl. Phys. Lett. **87** (2005), 213502.

[68] B. W. D'Andrade, J. Esler,J. J. Brown: *Organic light-emitting device operational stability at cryogenic temperatures* Synth. Met. **156** (2006), 405.

[69] N. C.Giebink, B. W. D'Andrade, M. S. Weaver, P. B. Mackenzie, J. J.Brown, M. E.Thompson, S. R.Forrest: *Intrinsic luminance loss in phosphorescent small-molecule organic light emitting devices due to bimolecular annihilation reactions* J. Appl. Phys. **103** (2008), 044509.

[70] D. Y. Kondakov, W. C. Lenhart, W. F. Nichols: *Operational degradation of organic light-emitting diodes: Mechanism and identification of chemical products* J. Appl. Phys. **101** (2007) 024512.

[71] R. Meerheim, S. Scholz,S. Olthof, G. Schwartz,S. Reineke, K. Walzer, K. Leo: *Influence of charge balance and exciton distribution on efficiency and lifetime of phosphorescent organic light-emitting devices* J. Appl. Phys. **104** (2008), 014510.

[72] R. C. Kwong, M. R. Nugent, L. Michalski,T.Ngo, K. Rajan, Y.-J. Tung, M. S. Weaver, T. X. Zhou, M. Hack, M. E. Thompson, S. R. Forrest, J. J. Brown: *High operational stability of electrophosphorescent devices* Appl. Phys. Lett. **81** (2002), 162.

[73] E. Tŭtis, D. Berner, L. Zuppiroli: *Internal electric field and charge distribution in multilayer organic light-emitting diodes* J. Appl. Phys. **93** (2003), 4594.

[74] D. Kondakov: *Role of chemical reactions of arylamine hole transport materials in operational degradation of organic light-emitting diodes* J. Appl. Phys. **104** (2008), 084520.

[75] S. Scholz, C. Corten, K. Walzer, D. Kuckling, K. Leo: *Photochemical reactions in organic semiconductor thin films* Org. Electr. **8** (2007), 709.

[76] S. Scholz, R. Meerheim, B. Lüssem, K. Leo: *Laser desorption/ionization time-of-flight mass spectrometry: Apredictive tool for the lifetime of organic light emitting devices* Appl. Phys. Lett. **94** (2009), 043314.

[77] V. Sivasubramaniam, F.Brodkorb, S. Hanning, H. P. Loebl, V. van Elsbergen, H. Boerner, U. Scherfc, M. Kreyenschmidt: *Fluorine cleavage of the light blue heteroleptic triplet emitter FIrpic* J. Fluorine Chem. **130** (2009), 640.

[78] T. Ikeda, H. Murata, Y. Kinoshita, J. Shike, Y. Ikeda, M. Kitano: *Enhanced stability of organic light-emitting devices fabricated under ultra-high vacuum conditions* Chem. Phys. Lett. **426** (2006), 111.

[79] Y. Takahasi, K. Matsuzaki, M. Iijima, E. Fukada, S. Tsukahara, Y. Murakami, A. Maesono: *Determination of evaporation rate and vapor pressure of organic monomers used for vapordeposition polymerization* Jpn. J. Appl. Phys. **32** (1993), 875.

[80] K. Yase, Y. Takahashi, N. Ara-Kato, A. Kawazu: *Evaporation rate and saturated vapor pressure of functional organic materials* Jpn. J. Appl. Phys. **34** (1995), 636.

[81] C.-C. Chang, M.-T. Hsieh, J.-F. Chen: *Highly power efficient organic light-emitting diodes with a p-doping layer* Appl. Phys. Lett. **89** (2006), 253504.

[82] H. Gargouri: Carben Emitter in organischen Leuchtdioden. Dissertation, Fakultät für Elektrotechnik, Informationstechnik, Physik, Technische Universität Braunschweig, 2009.

[83] C. Schildknecht: Iridium-Carben-Komplexe als Farbstoffe für tiefblaue organische Leuchtdioden. Dissertation, Technische Universität Braunschweig, 2006.

[84] V. V. Jarikov, D. Y. Kondakov: *Studies of the degradation mechanism of organic light-emitting diodes based on tris(8-quinolate)aluminum Alq and 2-tert-butyl-9,10-di(2-naphthyl)anthracene TBADN* J. of Appl. Phys. **105** (2009), 034905.

[85] R. Meerheim, K. Walzer, M. Pfeiffer, K. Leo: *Ultra stable and efficient red organic light emitting diodes with doped transport layers* Appl. Phys. Lett. **89** (2006), 061111.

[86] J. Brooks, Y. Babayan, S. Lamansky, P. I. Djurovich, I. Tsyba, R. Bau, M. E. Thompson: *Synthesis and characterization of phosphorescent cyclometalated platinum complexes* Inorg. Chem. **41** (2002), 3055.

[87] S. Reinecke, K. Walzer, K. Leo: *Triplet-exciton quenching in organic light-emitting diodes with Ir-based emitters* Phys. Rev. B **75** (2007), 125328.

[88] J. Pommerehne, H. Vestweber, W. Guss, R. F. Mahrt, H. Bassler, M. Porsch, J. Daub: *Efficient Two Layer LEDs on Polymer Blend Basis* Adv. Mater. **7** (1995), 551.

[89] D. Schneidenbach, S. Ammermann, M. Debeaux, A. Freund, M. Zöllner, C. Daniliuc, P. G. Jones, W. Kowalsky, H.-H. Johannes: *Efficient and long-time stable red iridium(III) complexes for organic light-emitting diodes based on quinoxaline ligands* Inorg. Chem. **49** (2010), 397.

[90] M. Debeaux, M. W. Thesen, D. Schneidenbach, H. Hopf, S. Janietz, H. Krüger, A. Wedel, W. Kowalsky, H.-H. Johannes: *Charge-transporting polymers based on phenylbenzoimidazole moieties* Adv. Funct. Mater. **20** (2010), 399.

[91] F.-M. Hwang, H.-Y. Chen, P.-S. Chen, C.-S. Liu, Y. Chi,C.-F. Shu, F. Wu, P.-T. Chou, S.-M. Peng, G.-H. Lee: *Iridium(III) complexes with ortho metalated quinoxaline ligands: subtle tuning of emission to the saturated red color* Inorg. Chem. **44** (2005), 1344.

[92] W. Humphrey, A. Dalke, K. Schulten: *(VMD) – (V)isual (M)olecular (D)ynamics* J. Mol. Graphics **14** (1996), 33.

[93] TURBOMOLE V5-10, 14 Jan 2008, Copyright (C) 2008 University of Karlsruhe

[94] J. P. Perdew, K. Burke, M. Ernzerhof: *Generalized gradient approximation made simple* Phys. Rev. Lett. **77** (1996), 3865.

[95] A. Schäfer, C. Huber, R. Ahlrichs: *Fully optimized contracted Gaussian basis sets of triple zeta valence quality for atoms Li to Kr* J. Chem. Phys. **100** (1994), 5829.

[96] S. Ammermann: Iridiumkomplexe auf Basis von 2-Methyl-3-phenylchinoxalinen – Hocheffiziente und stabile Triplett-Emitter für Organische Leuchtdioden. Dissertation, Fakultät für Lebenswissenschaften, Technische Universität Braunschweig, 2009.

[97] Y.-H. Song, S.-J. Yeh, C.-T. Chen, Y. Chi, C.-S. Liu, J.-K. Yu, Y.-H. Hu, P.-T. Chou, S.-M. Peng, G.-H. Lee: *Bright and efficient, non-doped, phosphorescent organic red-light-emitting diodes* Adv. Funct. Mater. **14** (2004), 1221.

[98] G. L. Zhang, Z. H. Liu, H. Q. Guo: *Synthesis and photoluminescence of a new red phosphorescent iridium(III) quinoxaline complex* Chin. Chem. Lett. **15** (2004), 1349.

[99] H. Fujii, H. Sakurai, K. Tani, K. Wakisaka, T. Hirao: *Bright and ultimately pure red electrophosphorescent diode bearing diphenylquinoxaline* IEICE Electron. Express **2** (2005), 260.

[100] Y. H. Lee, Y. S. Kim: *Theoretical study of a new phosphorescent iridium(III) quinazoline complex* Thin Solid Films **515** (2007), 5079.

[101] M. Xu, R. Zhou, G. Wang, J. Yu: *Blue phosphorescent iridium complexes based on 2-(fluoro substituted phenyl)-4-methylpyridines: synthesis, crystal structure, and photophysics* Inorg. Chim. Acta **362** (2009), 2183.

[102] I. J. Kim,Y. H. Kimb, Y. S. Kim: *New heteroleptic tris-cyclometalated iridium complex for red electrophosphorescent light-emitting diodes* Colloids and Surfaces A: Physico Chem. Eng. Aspects **313-314** (2008), 426.

[103] D. Di Censo, S. Fantacci, F. De Angelis, C. Klein, N. Evans, K. Kalyanasundaram, H. J.Bolink, M. Gratzel, M. K. Nazeeruddin: *Synthesis, characterization, and DFT/TD-DFT calculations of highly phosphorescent blue light-emitting anionic iridium complexes* Inorg. Chem. **47** (2008), 980.

[104] Y. Liu, K. Ye, Y. Fan, W. Song, Y. Wang, Z. Hou: *Amidinate-ligated iridium(III) bis(2-pyridyl)phenyl complex as an excellent phosphorescent material for electroluminescence devices* Chem Comm. **25** (2009), 3699.

[105] P. Kathirgamanathan, V. Arkley, S. Surendrakumar, Y. F. Chan, J. Antipan-Lara, S. Ganeshamurugan, M. Kumaraverl, G. Paramaswara, S. Ravichandran: *Charge transporters for OLED's: strategies and performance* SID 08 Digest **47** (2008), 701.

[106] H. Park, D.-S. Shin, H.-S. Yu, H.-B. Chae: *Electron mobility in tris(8-hydroxyquinoline)aluminum (Alq3) films by transient electroluminescence from single layer organic light emitting diodes* Appl. Phys. Lett. **90** (2007), 202103.

[107] S. Naka, H. Okada, H. Onnagawa, T. Tsutsui: *High electron mobility in bathophenanthroline* Appl. Phys. Lett. **76** (2000), 197.

[108] W. Xua,K-ul-Haqa, Y. Bai , X. Y. Jianga, Z. L. Zhang: *The estimation of electron mobility of 4,7-diphyenyl-1,10-phenanthroline using space-charge-limited currents* Sol. State Comm. **146** (2008), 311.

[109] S. Scholz, R. Meerheim, B. Lüssem, K. Leo: *Exciton induced chemical reactions in organic light emitting devices* SID 09 Digest 46.1,(2009), 681.

[110] B. W. D'Andrade, S. R. Forrest, A. B. Chwang: *Operational stability of electrophosphorescent devices containing p and n doped transport layers* Appl. Phys. Lett. **83** (2003), 3858.

[111] K. Becker: *Exciton Blocking Layers in organic photovoltaics* Cornell Center of Materials Research (2007).

[112] M. Waldmann: Erbiumdotierte Fluoridglaswellenleiter. Dissertation, Fakultät für Elektrotechnik, Informatik, Physik, Technische Universität Braunschweig, 2010.

[113] Y. Q. Li, M. K. Fung, Z. Xie, S.-T. Lee, L.-S. Hung, J. Shi: *An efficient pure blue organic light-Emitting device with Low driving voltages* Adv. Mat. **14** (2002), 1317.

[114] V. Sivasubramaniam, F. Brodkorb, S. Hanning, O. Buttler, H. P. Loebl, V. van Elsbergen, Herbert Boerner, U. Scherf, M. Kreyenschmidt: *Degradation of HTL layers during device operation in PhOLEDs* Solid State Science **11** (2009), 1933.

[115] Y. Sakakibara, S. Okutsu, T. Enokida, T. Tani: *Red organic electroluminescence devices with a reduced porphyrin compound tetraphenylchlorin* Appl. Phys. Lett. **74** (1999), 2587.

[116] C. Adachi, M. A. Baldo, S. R. Forrest, S. Lamansky, M. E. Thompson, R. C. Kwong: *High-efficiency red electrophosphorescence devices* Appl. Phys. Lett. **78** (2001), 1622.

[117] R. Meerheim, K. Walzer, G. He, M. Pfeiffer, K. Leo: *Highly efficient organic light emitting diodes (OLED) for displays and lighting* Proc. SPIE Proc. **6192**,(2006).

[118] M.-H. Chen, D.-S. Leem, C. T. Lin, G. R. Lee, T.-W. Pi, J.-J. Kim, C.-I Wu: *Investigations of electron-injection mechanisms and interfacial chemical reactions of Bphen doped with rubidium carbonate in OLEDs* SPIE Proc. **7051**, (2008).

[119] S.-H. Eom, Y. Zheng, E. Wrzesniewski, J. Lee, N. Chopra, F. So, J. Xue: *Effect of electron injection and transport materials on efficiency of deep-blue phosphorescent organic light-emitting devices* Org. Electr. **10** (2009), 686.

[120] Z. Popovic, H. Aziz: *Reliability and degradation of small molecule organic light emitting devices* IEEE J. Sel. Top. Quantum Electron. **8** (2002), 362.

[121] S. T. Lee, Z. Q. Gao, L. S. Hung: *Metal diffusion from electrodes in organic light-emitting diodes* Appl. Phys. Lett. **75** (1999), 1404.

[122] M. P. de Jong, L. J. van Ijzendoorn, M. J. A. de Voigt: *Stability of the interface between indium-tin-oxide and poly(3,4-ethylenedioxythiophene) /poly(styrenesulfonate) in polymer light-emitting diodes* Appl. Phys. Lett. **77**(2000), 2255.

[123] L. S. Hung, L. S. Liao, C. S. Lee, S. T. Lee, J.: *Sputter deposition of cathodes in organic light emitting diodes* Appl. Phys. **86** (1999), 4607.

[124] S. Scholz, B. Lüssem, K. Leo: *Chemical changes on the green emitter tris(8-hydroxyquinolinato)aluminum during device aging of p-i-n-structured organic light emitting diodes* Appl. Phys. Lett. **95** (2009), 183309.

[125] S. Lamansky, P. Djurovich, D. Murphy, F. A.-Razzaq, R. Kwong, I. Tsyba, M. Bortz, B. Mui, R. Bau, M. E. Thompson: *Synthesis and characterization of phosphorescent cyclometalated iridium complexes* Inorg. Chem. **40** (2001), 1704.

[126] J. Breu, P. Stössel, S. Schrader, A. Starukhin, W. J. Finkenzeller, H. Yersin: *Crystal structure of fac-Ir(ppy)$_3$ and emission properties under ambient conditions and at high pressure* Chem. Mater. **17** (2005), 1745.

[127] N. Ide, N. Matsusue, T. Kobayashi, H. Naito: *Photoluminescence properties of facial-and meridional-Ir(ppy)$_3$ thin films* Thin Sol. Films. **509** (2006), 164.

[128] C.-H. Yang, K.-H. Fang, C.-H. Chen, I-Wen Sun: *High efficiency mer-iridium complexes for organic light-emitting diodes* Chem. Comm. (2004), 2232.

[129] K. Tsuchiya, E. Ito, S. Yagai, A. Kitamura, T. Karatsu: *Chirality in the photochemical mer-fac geometrical isomerization of Tris(1-phenylpyrazolato,*N,C^2*)-iridium(III)* Eur. J. Inorg. Chem. (2009), 2104.

[130] G. Schwartz, T.-H. Ke, C.-C. Wu, K. Walzer, K. Leo: *Balanced ambipolar charge carrier mobility in mixed layers for application in hybrid white organic light-emitting diodes* Appl. Phys. Lett. **93** (2008), 073304.

[131] Z. Guo, Z. Dong, R. Zhu, S. Jin, B. Liu: *Synthesis and photophysical properties of complexes of Be(II) and Zn(II) with 10-hydroxybenzo[h]quinolineligand* Spectrochimica Acta Part A **68** (2007), 337.

[132] W. S. Jeona, T. J. Parka, S. Y. Kima, R. Podeb, J. Janga, J. H. Kwon: *Ideal host and guest system in phosphorescent OLEDs* Organic Electronics **10** (2009), 240.

[133] J.-H. Lee, S. W. Liu, C.-An Huang, K. H. Yang, Y. Chang: *High brightness and long lifetime OLED with mixing layer technology* SPIE Proc. **5464** (2004), 434.

[134] S. Yamagata, H. Murata, M. Egawa, H. Nakashima, H. Inoue, S. Shitagaki, N. Ohasawa, K. Kojima, S. Seo, R. Nomura, S. Yamazaki: *Novel Bipolar Materials tailored for phosphorescent OLEDs* SID 07 Digest (2007), 899.

[135] T. Hirayama, S. Yamasaki, H. Ameku, T. Ishi-i, T. Thiemann, S Matakac: *Fluorescent solvatochromism of bi-polar N,N-diphenylaminoaryl-substituted hexaazatriphenylenes, tetraazaphenanthrene, and quinoxalines* Dyes Pigments **67** (2005), 105.

[136] H. D. Burrows, S. M.Fonseca, B. Gigante, M. A. Esteves, A. M. Guerreiro: *Fluorescence study of dehydroabietic acid-based bipolar arylamine-quinoxalines* J. Flour. **16** (2006), 227.

[137] X. Zhou, D. S. Qin, M. Pfeiffer, J. Blochwitz-Nimoth, A. Werner, J. Drechsel, B. Maennig, K. Leo, M. Bold, P. Erk, H. Hartmann: *High-efficiency electrophosphorescent organic light-emitting diodes with double light-emitting layers* Appl. Phys. Lett. **81** (2002) 4070.

[138] V. Maiorano, M. Mazzeo, F. Mariano, M. B. Khalifa, S. Carallo, B. Dussert-Vidalet, R. Cingolani, G. Gigli: *Very long operational lifetime at high initial luminance of deep red phosphorescent organic light-emitting diodes with double emission layers* IEEE Phot. Techn. Lett. **20** (2008), 2105.

[139] G. He, K. Walzer, M. Pfeiffer, K. Leo, R, Pudzich J. Salbeck: *Ultra-high efficiency electrophosphorescent p-i-n OLEDs with double emission layers* SPIE Proc. **5519** (2005), 42.

[140] Y.-C. Tsai, J.-H. Jou: *Long-lifetime, high-efficiency white organic light-emitting diodes with mixed host composing double emission layers* **89** (2006), 243521.

[141] J.-H. Lee, C.-I. Wu, S.-W. Liu, C.-A. Huang: *Mixed host organic light-emitting devices with low driving voltage and long lifetime* Appl. Phys. Lett. **86** (2005), 103506.

[142] M. E. Kondakova, J. C. Deaton, D. Y. Kondakov, T. D. Pawlik, R. H. Young, C. T. Brown, D. J. Giesen: *High-efficiency low-voltage phosphorescent OLED devices with mixed host* SID 07 Digest (2007), 837.

[143] H. Kanno, K. Ishikawa, Y. Nishio, A. Endo, C. Adachi, K. Shibata: *Highly efficient and stable red phosphorescent organic light-emitting device using bis[2-(2-benzothiazoyl)phenolato]zinc(II) as host material* Appl. Phys. Lett. **90** (2007), 123509.

[144] A. Lääperi, I. Hyytiäinen, T. Mustonen, S. Kallio: *OLED lifetime issues in mobile phone industry* SID Digest 07 (2007), 1183.

[145] D. Tanaka, T. Takeda, T. Chiba, S. Watanabe, J. Kido: *Novel electron-transport material containing boron atom with a high triplet excited energy level* Chem. Lett. **36** (2007), 262.

[146] Y.-J. Lee, H. Lee, Y. Byun, S. Song, J.-E. Kim, D. Eom, W. Cha, S.-S. Park, J. Kim, H. Kim: *Study of thermal degradation of organic light emitting device structures by X-ray scattering* Thin Sol. Films **515** (2007), 5674.

[147] J. R. Gong, L. J. Wan, S.-B. Lei, C.-L. Bai´, X.-H. Zhang, S.-T. Lee: *Direct evidence of molecular aggregation and degradation mechanism of organic light-emitting diodes under joule heating: an STM and photoluminescence study* J. Phys. Chem. B **109** (2005), 1675.

[148] V. I. Adamovich, M. S. Weaver, R. C. Kwong, J. J. Brown: *High temperature operation and stability of phosphorescent OLEDs* Curr. Appl. Phys. **5** (2005), 15.

[149] S. Reineke, G. chwartz, K. Walzer, M. Falke, K. Leo: *Highly phosphorescent organic mixed films: The effect of aggregation on triplet-triplet annihilation* Appl. Phys. Lett. **94** (2009), 163305.

[150] C. Gärditz, A. Winnacker, F. Schindler, R. Paetzold: *Impact of joule heating on the brightness homogeneity of organic light emitting devices* Appl. Phys. Lett. **90** (2007), 103506.

[151] X. Zhou, J. He, L. S. Liao, M. Lu, X. M. Ding, X. Y. Hou, X. M. Zhang, X. Q. He,S. T. Lee: *Real-time observation of temperature rise and thermal breakdown processes in organic LEDs using an IR imaging and Analysis system* Adv. Mater. **12** (2000), 265.

[152] P.-T. Chou, Y. Chi: *Phosphorescent dyes for Organic light-emitting diodes* Chem. Eur. J. **13**(2007), 380.

[153] P. Coppo, E. A. Plummer, L. De Cola: *Tuning iridium (III) phenylpyridine complexes in the "almost blue" region* Chem. Commun. (2004), 1774.

[154] G. Ge, J. He, H. Guo, F. Wang, D. Zou: *Highly efficient phosphorescent iridium(III)diazine complexes for OLEDs: Different photophysical property between iridium(III)pyrazine complex and iridium(III) pyrimidine complex* J. Organomet. Chem. **694** (2009), 3050.

[155] G. Ge, G. Zhang, H. Guo, Y. Chuai, D. Zou: *Yellow organic light-emitting diodes based on phosphorescent iridium(III) pyrazine complexes: Fine tuning of emission color* Inog. Chim. Acta **362** (2009), 2231.

[156] P. E. Burrows, G. L. Graff, M. E. Gross, P. M. Martin, M. Hall, E. Mast, C. C. Bonham, W. D. Benett, L. Michalski, M. S. Weaver, J. J. Brown, D. Fogarty, L. S. Sapochack: *Gas permeation and lifetime tests on polymer-based barrier coatings* SPIE Proc. **4105** (2001), 75.

[157] G. Nisato, M. Kuilder, P. Bouten, L. Moro, O. Philips, N. Rutherford: *Evaluation of multi-layer barriers using Ca test* Soc. Inform. Disp. Symp., Dig Tech. Papers **34** (2003), 550.

[158] A. B. Chwang, M. A. Rothman, S. Y. Mao ,R. H. Hewitt, M. S. Weaver, J. A. Silvernail, K. Rajan, M. Hack, J. J. Brown, X. Chu, L. Moro, T. Krajewski, N. Rutherford: *Thin film encapsulated flexible organic electroluminescent displays* Appl. Phys. Lett. **83**, (2003), 413.

[159] F. L. Wong, M. K. Fung, S. L. Tao, S. L. Lai, W. M. Tsang, K. H. Kong, W. M. Choy, C. S. Lee, S. T. Lee: *Long-lifetime thin-film encapsulated organic light-emitting diodes* J. Appl. Phys. **104** (2008), 014509.

[160] S.-H. Ko Park, J. Oh, C.-S. Hwang, J.-Ik Lee, Y. S. Yang, H. Y. Chu, K.-Y. Kang: *Ultra thin film encapsulation of organic light emitting diode on a plastic substrate* ETRI J. **27** (2005), 545.

[161] A. P. Ghosh, L. J. Gerenser, C. M. Jarman, J. E. Fornalik: *Thin-film encapsulation of organic light-emitting devices* Appl. Phys. Lett. **86** (2005), 223503.

[162] S. J. Yun, Y.-W. Ko, J. W. Lim: *Passivation of organic light-emitting diodes with aluminum oxide thin films grown by plasma-enhanced atomic layer deposition* Appl. Phys. Lett. **85** (2004), 4896.

[163] P. F. Carcia, R. S. McLean, M. H. Reilly, M. D. Groner, S. M. George: *Ca test of Al_2O_3 gasdiffusion barriers grown by atomic layer deposition on polymers* Appl. Phys. Lett. **89** (2006), 031915.

[164] J. Meyer, P. Görrn, F. Bertram, S. Hamwi, T. Winkler, H.-H. Johannes, T. Weimann, P. Hinze, T. Riedl, W. Kowalsky: *Al_2O_3/ZrO_2 nanolaminates as ultra-high gas diffusion barriers - A strategy towards reliable organic electronic encapsulation* Adv. Mater. **21** (2009), 1845.

[165] R. Paetzold, A. Winnacker, D. H. V. Cesari, K. Heuser: *Permeation rate measurements by electrical analysis of calcium corrosion* Rev. Sci. Instrum. **74** (2003), 5147.

[166] C.-Y .Chang, F.-Y. Tsai, S.-J. Jhuo, M.-J. Chen: *Enhanced OLED performance upon photolithographic patterning by using an atomic-layer-deposited buffer layer* Org. Electr. **9** (2008), 667.

[167] J. Meyer, D. Schneidenbach, T. Winkler, S. Hamwi, T. Weimann, P. Hinze, S. Ammermann, H.-H. Johannes, T. Riedl, W. Kowalsky: *Reliable thin film encapsulation for organic light-emitting diodes grown by low-temperature atomic layer deposition* Appl. Phys. Lett. **94**, (2009), 233305.

[168] S. Y. Kim, K. Y. Kim, Y.-H. Tak, J.-L. Lee: *Darkspot formation mechanism in organic light emitting diodes* Appl. Phys. Lett. **89** (2006), 132108.

[169] S. F. Lim, W. Wang, S. J. Chua: *Understanding dark spot formation and growth in organic light-emitting devices by controlling pinhole size ans shape* Adv. Funct. Mater. **12** (2002), 513.

[170] S. H. Kim, J. Jang, J. Y. Lee: *High efficieny phosphorescent organic light-emitting diodes using carbazole-type exciton blocking layer* Appl. Phys. Lett. **90** (2007), 223505.

[171] T. Tsuboi, W. S. Jeon, J. H. Kwon: *Observation of phosphorescennce from fluorescent organic material $Bebq_2$ using phosphorescent sensitizer* Opt. Mat. **31** (2009), 1755.

[172] I. Tanaka, Y. Tabata, S. Tokito: *Förster and Dexter energy-transfer processes in fluorescent BAlq thin films doped with phosphorescent $Ir(ppy)_3$ molecules* J. Appl. Phys. **99** (2006), 073501.

[173] M.-H. Chen, Y-H. Chen, C.-T. Lin, G.-R. Lee, C.-I Wu, D.-S. Leem, J.-J. Kim, T.-W. Pi: *Electronic and chemical properties of cathode structures using 4,7-diphenyl-1,10-*

phenanthroline doped with rubidium carbonate as electron injection layers J. Appl. Phys. **105** (2009), 113714.

[174] J.-H. Jou, Y.-S. Chiu, R.-Y. Wang, H.C. Hu, C.-P. Wang, H.-W. Lin: *Efficient color-stable fluorescent white organic light-emitting diodes with an effective exciton-confining device architecture* Org. Electr. **7** (2006), 8.